U0159236

前 言

在西方生产力发生变革早期和拓荒时代，从实地收集的矿物、岩石材料或观察到的现象中，发现了宗教经典不能解释的大量问题，例如最初的岩石形成、化石来源和地层间的巨大的不整合。在进一步的野外考察和学术交流过程中，逐渐诞生了近代地质学、地貌学的基本概念，有的仍然影响至今，例如花岗岩的接触变质和地貌循环等。

现代科技为认识地表附近的环境以及探索太空、海底和地球深部世界提供了更强大和更综合的手段，推动了人类对大自然的认识，产生了板块构造学说、造山带这样巨大的理论进步，研究的范围也从地球扩展到月球和火星。但也应该看到，在我国石油勘探、铁矿探矿、环境保护治理等领域中，野外工作仍然发挥着至关重要的作用。在认识区域大地构造和填图过程中，或是后期的钻探开发中，也需要专业人员有计划地开展野外工作。远洋和极地探索，也倾注了野外工作者的大量心血。同时，随着"一带一路"为标志的中国开放式经济发展时期的到来，必然有更多、更细致的野外工作。因此，野外工作仍然是地质学、地貌学基本的、不可替代的方法之一。

希望更多的初学者不仅具有良好的理论基础，还具有结合实际开展工作的能力，这是我们决心把教学经验和野外工作经验总结成书的最直接的由来。

本书一方面反映了学科的特色，另一方面也为初学者快速成长提供了一份可以随时查阅的材料。具体编写分工如下：蒋容（四川师范大学）编写了第 1、2、9 章，并负责绘制书中大部分图件；王石英（四川师范大学）编写了第 3~8 章，并负责统稿工作。

本书的出版得到了学校、学院领导以及地理科学国家一流专业建设项目和地理信息科学省一流专业建设项目的支持，编写过程中还得到了同行师友的帮助，在此表示感谢。由于时间仓促，书中不妥之处在所难免，请广大师生批评指正。

编　者

2023 年 10 月

目　录

绪　论 ……………………………………………………………… 001

1　器材使用 ……………………………………………………… 008
1.1　基础地质工具的使用 …………………………………… 009
1.2　GPS 与手机 APP ………………………………………… 016
1.3　野外照相与地质素描 …………………………………… 018
1.4　地理信息系统和数字高程模型的应用 ………………… 022
1.5　遥感影像图的使用 ……………………………………… 026

2　地形图地质图读图用图 ……………………………………… 031
2.1　简易野外定向 …………………………………………… 032
2.2　地形图分幅及编号 ……………………………………… 034
2.3　地形图在野外的应用 …………………………………… 036
2.4　地质图读图与使用 ……………………………………… 039
2.5　区域构造简史与地质图综合分析示例 ………………… 044

3　野外线路布设与记录 ………………………………………… 048
3.1　地质地貌野外线路布设 ………………………………… 049
3.2　选择露头 ………………………………………………… 051
3.3　岩石、化石标本采集 …………………………………… 054
3.4　野外地质地貌记录 ……………………………………… 057

4　岩　石 ………………………………………………………… 060
4.1　基本矿物的观察与描述 ………………………………… 061
4.2　常见岩石分类 …………………………………………… 066
4.3　野外岩石的观察与描述 ………………………………… 068

5　地质构造 ……………………………………………………… 073
5.1　野外地质构造的观察与描述方法 ……………………… 074
5.2　根据地质图绘制剖面图并分析褶皱及断层 …………… 077

6　地　层 ·· 084
　　6.1　构造期与构造事件 ··· 085
　　6.2　地层接触关系与表示 ··· 087
　　6.3　地层剖面实测及资料整理 ·· 091

7　地质地貌统计图与地质填图 ······································· 096
　　7.1　编制构造等高线图 ··· 097
　　7.2　极射赤平投影的应用 ··· 102
　　7.3　编制节理极点图与节理玫瑰图 ································· 107
　　7.4　地质填图成果概述 ··· 113

8　地貌主要类型与区划 ··· 116
　　8.1　地貌的观察与描述方法 ·· 117
　　8.2　构造地貌 ·· 124
　　8.3　河流地貌 ·· 131
　　8.4　坡地地貌 ·· 144
　　8.5　人工地貌 ·· 153
　　8.6　地貌类型区划 ··· 157

9　地质地貌报告撰写 ··· 167
　　9.1　地质地貌实习报告 ··· 168
　　9.2　实习报告中的地图和图表使用 ································· 171
　　9.3　地质地貌在自然环境中的基础作用 ························ 173

附　录 ·· 179
　　附录1　区域地质年代简表 ··· 180
　　附录2　常见岩性符号和色彩使用 ··································· 181
　　附录3　区域地质发展史描述：以龙门山为例 ············ 185
　　附录4　区域地质地貌实践方案：以龙门山为例 ········ 193
　　附录5　本书部分彩图 ··· 194

参考文献 ·· 212

绪论

地质地貌是自然环境的基本因子，对环境发展和演变起到根本的、非地带性的作用。它们是地球表层物质循环和能量再分配的基础，对人文、经济发展有制约作用。地质地貌作为最基础的自然要素，提供区域环境类型、分布、效应、发展和长期演变的背景。其中，岩性、构造是基建的先决条件，地貌类型是地表过程的依据，矿产、自然风光和海拔地形条件等是产业的物质资源，既要因地制宜搞好开发，也需要保护和可持续利用。

野外是地球科学学习和研究的天然实验室。尽管技术日新月异，室内学习、研究大幅度加强，但野外的调查、认识、绘图、采样等环节仍然至关重要。特别是对于刚踏入地球科学殿堂的年轻人，掌握野外工作的方法和技能尤为重要。

实践是专业能力非常重要的标志。地质地貌野外实习，是完成理论课程学习后，到达区域典型地质地貌分布点，实地了解、观察、测量和探索地质地貌对象，获得直观的感性认识，理解区域典型地质地貌现象分布、形成和发展特征，巩固和加深课堂知识，达到理论联系实际的目的；同时，接受基本地质地貌工作方法和技能训练，提高野外地质地貌现象的观察和分析能力，为从事野外任务、后续专业课程和后期独立工作打下必要的基础（图 0.1）。

地质地貌野外实习后，应基于前期野外工作和读图、用图与成图，形成认识，掌握地质地貌野外工作的一般方法，具有初步制图能力，认识区域地质地貌现象及成因，理解地质地貌基本理论。

因实习内容性质，地质地貌野外实践常在奇峻宽广的区域上展开，能欣赏到更多秀丽的天地风光，目睹千姿百态的自然景象，见识大山大河的壮阔，感受沧海桑田的变迁，能更真切地领悟到人与自然生生不息的奥妙。当然，这也意味着要有更强的自我安全防护意识，走更远的路，要有艰苦朴素、团结互助的精神和尊重地方习俗、生态伦理的风尚。并且，实习在不同的观测点上进行，时间紧、任务多、机会难得，要做更充分的前期准备。

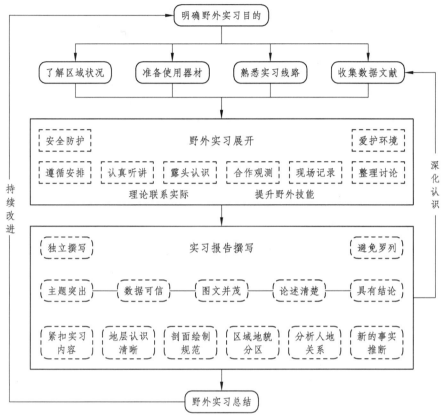

图 0.1　地质地貌野外实习流程

1. 实习目的

野外实践之前,应在理论知识、动手能力和表达沟通上做好充分准备。

(1)专业基础知识方面,能贯通理论与实际,了解常见矿物和岩石的物理性质,熟悉它们的肉眼鉴定特征;能够判别实习区内基本的地质构造现象,例如褶皱、节理、断层和接触关系;能够正确判定坡地、河流和区域典型地貌的类型,熟悉地貌特征,具有初步分析地貌现象成因的能力,具有初步地貌组合和地貌分异的分析能力;熟悉地层基本层序和了解区域主要地层,包括地层的名称时代、岩类、岩性和重要化石;初步学会认识和分析区域内、外动力地质作用产生的一般地质现象;理解区域地质构造发展总体特征,能够分析地貌分异基本特征。

（2）专业实践技能方面，能够使用地质罗盘测量并记录岩层、构造的层面、方位与产状要素；能够使用GPS（Global Positioning System，全球定位系统）或手机APP（Application，应用程序）辅助定位、测量面积和体积；能利用地形、地质图寻找地质点，能在地质图上认识基本的地质构造；鼓励使用地质素描来记录；会选择露头，能够使用地质锤等工具采集岩石标本和寻找典型化石；初步具有绘制简单的地质平面图、地质剖面图、地层示意剖面图的能力，具有地貌类型制图的能力。

（3）表达与综合素质方面，了解实习区域环境，具有良好的安全意识、沟通能力和生态保护理念，尊重当地习俗，协作互助，自律性强，时间安排合理，有充沛的精力完成实习；有良好的数据分析、图表制作和写作能力，能够有意识地运用地质与地貌的基本概念和基本理论来说明现象、推断成因，能独立撰写实习报告，了解地质地貌因素在自然地理环境中的作用和利用特征、保护措施，能主动了解地质地貌与人类生产生活的合理关系。

2. 实习纪律

地质地貌野外实习任务重，具有连贯性、集体性。实习中个人既要有主观能动性，也要遵守集体的要求。

（1）遵守时间。跟随教师行进、讲课的节奏，认真听讲、及时记录，发扬艰苦朴素的优良传统。

（2）遵守纪律。遵守野外实习纪律及当地的各项规章制度，实习期间不脱离集体，未经安排不能单独活动，特殊情况及时报告，经带队指导教师同意后协调处理。

（3）生活有节。实习期间注意饮食卫生，按时归寝。休息期间不擅自离开实习驻地，不私会亲友。发生疫情或灾害要保持安全距离和做好防护。

（4）尊重风俗。具备明辨是非的能力和人地和谐发展的生态伦理观，尊重当地风俗，与驻地居民友好相处，保持卫生，爱护住所物品，语言友好，举止文明，展现良好风范。

（5）爱护器材。同学之间、师生之间相互关心和帮助，服从时间安排和工作分配，有集体荣誉感，爱护实习器材，保护测绘、林业等行业野外设施和标记。

3. 实习安全

野外工作有一定的风险，需要警惕身体状况和周边环境的变化，并为可能的突发事件做好准备。每个人既要对自己的安全负责，也要留意他人的安危。

具有良好的安全意识、杜绝粗心大意是确保野外实习安全的根本，遵守实习安排、不脱离实习队伍、保持手机或通信畅通是做好自我保护、保证实习顺利的前提。有条件的，可购买实习期间的相关保险。此外，还应注意：

（1）确保身体健康。有心脏病、易发性晕厥、高原反应、恐高症、行动不便等病症的经医生诊断后确定参加或暂缓实习；保持睡眠充足，防止过度疲劳，保持体力充沛；夏季实习时注意防虫叮咬和防暑；若出现头痛、头晕、乏力、心率过快等症状，要立即报告带队教师，并注意平稳情绪。

（2）提防安全隐患。未经许可不准随意使用、触动规定外的机械装置和电器设备，以防违章操作、电器漏电等诱发事故；不到昏暗难行处，不独自乱走，注意交通和通行安全；坡地上行进时，前面攀爬不得造成滚石、飞石；雨天或潮湿区域，要注意防滑，不游泳或戏水；不得倚靠防护栏或在护栏处拥挤；无覆盖洞口或高危边坡有坠物伤害的危险，应注意防护；不擅自进入危险区、保护区、禁区；如发现安全隐患，须及时向队伍示警。

为保证安全，应在野外工作的准备期间做好以下准备：

① 提前了解野外工作地点的特殊灾害，包括天气、曾经发生过的自然灾害，有危害的动物和昆虫等。

② 提前配备急救物品，包括急救药箱、口哨、手电筒、火柴、水、备用食品和葡萄糖片，并穿着适合野外活动的衣服和鞋子，佩戴护目镜。

③ 学习基本的急救知识，了解危险暴露标志和应急处理方法，注意饮水卫生。

④ 提前计划好行程中每天的住宿和同行人员。

⑤ 尽量配备移动电话，记住当地急救电话和紧急救援电话。

（3）管好个人用品。妥善保存自己的物品，实习中注意相互提醒和协助；提防手机等贵重物品从口袋滑落或遗失；实习点上工作完成后，注意及时收归器材。

（4）按照国家安全标准使用相关图件、数据和资料。不要使用、制作问题地图，遵照国家安全密级使用地图和数据。

4. 生态伦理

野外实习应遵照环境自身的发展特点，维护人与自然和谐共处的关系。

（1）有正确的世界观和方法论指引。世界是物质的，具有多样性。物质是运动的，具有普遍性。对纷繁复杂并不断变化的地质地貌事物或现象，书中没有叙述或直接解释的，不宜急于下结论甚至盲目地归因于非自然的力量，尤其要充分意识到自己在自然面前能够观测到的空间和时间尺度，可反复多角度观察认识并及时记录，这往往是自己专业认识能力飞跃和有新发现的良机。

（2）有环境的整体观和和谐论支撑。注意观察实习区域产业方式与人地关系的阶段性、合理性和局限性，分析现有人地关系中因地制宜、能够持续发展、资源利用效率高的方式，比较不同地表覆被和土地利用类型下地貌的发展过程，爱护实习地区的自然环境和人文景观。爱护田间作物和林草。不随意采摘野生植物和惊扰野生动物，不随意破坏原始自然景观。

（3）讲文明、讲公德，保护生态安全。尽量减少实习时塑料制品或包装的使用量，自己产生的垃圾应随身带走并投放到指定地点。不破坏性采集矿物岩石标本与化石。

5. 基本环节

简要地说，地质地貌野外工作的最终目的或最后达成的效果，是利用当前理论和已有资料，获得关于野外工作线路和区域上对地质地貌要素的具体认识，提供能够用于生产的图件及报告。这个任务是比较重的，所以不仅要有兴趣和进取心，还要遵循一定的方法以期快速掌握野外工作技能。

野外工作一般从器材、线路布设、收集资料开始，准备充分后展开线路、区域上的实地工作，在露头上从矿物、岩石到构造、地貌等方面实测数据，情况复杂的观测点还要有重复的校核对比工作，最后形成图件和文字报告。

地质地貌野外实习由工作准备、野外实习、报告撰写和总结等环节构成。

（1）工作准备阶段。

带队教师根据教学目的，在现场踏勘备课基础上编写实习计划和学生实习要求，联系食宿点和交通，准备地质地貌图件、资料和器材。实习动员中，指导教师向学生说明实习计划和要求，进行野外工作安全培训，介绍实习区地质地貌概况，安排学生领取实习用资料和物品。

学生在实习前首先应做好知识、理论和技能方面的准备。明确实习目的要求、了解具体安排；收集前期资料，了解实习区域自然与社会经济背景、交通状况和地质概况，了解野外地质工作的基本方法。其次，复习观察与实习区域相关的矿物、岩石和化石标本。再次，做好以下用品准备：① 地质包、地质锤、罗盘、放大镜、GPS、水壶、太阳帽、雨伞和登山鞋；② 实习资料、图件、记录本、报告纸、常用文具以及个人行李用具；③ 小刀、卷尺、标签、标本袋、包装纸（包装用）以及装细弱标本的盒子和盛稀盐酸的小瓶（各组准备）；④ 防中暑、感冒、腹泻、虫蚊叮咬、创伤等的药品（集体准备）。

（2）野外实习阶段。

按照实习日程安排，在教师带领下，按地区、路线和观察点进行野外实习。在各观察点上由教师先介绍目的要求和观测内容，学生听讲、观测、记录，小组讨论和提问，教师小结。

实习中，学生应认真听讲、做好记录，要多看、多动手，注意将理论知识联系实际、用于实际，既要注重听讲和讨论，也要逐步提高自己独立思考和独立工作的能力。

（3）报告撰写和总结阶段。

小组交流实习地质地貌和专业成长的收获和体会；个人撰写实习报告，并对实习工作提出意见和建议。

实习报告内容是本科生培养质量和学生实习态度、独立思考和观察分析问题能力、野外技能掌握程度等的重要反映。

实习结束后，要将借用的实验器材（有的须洗涤干净）及时归还实验室，按照实验室管理规定处理工具遗失或缺损等情况。

1

器材使用

1.1　基础地质工具的使用

基础地质工具除去地质罗盘、地质锤、放大镜等传统三大件外，还有GPS、照相机等现代产品，加上安全防护用品，野外期间每人身负一定重量的器材。

一般野外地质地貌实践，除地质锤、放大镜、罗盘和手持GPS等野外常用工具外，还可携带稀盐酸、酸碱指示剂、卷尺、测绳、高度计、铲子、手电筒等（图 1.1-1）。其中，罗盘的使用和读数需要经过反复练习才能快速测量产状，地质锤和放大镜使用前也要了解技巧。

图 1.1-1　地质地貌野外使用工具

1. 地质锤

地质锤常用优质钢材或整体钢材制成，木柄或胶柄起到敲击时减震的作用。地质锤头一端呈长方形或正方形，另一端呈尖棱形或扁楔形。使用时，一般用方头一端敲击岩石，使之破碎成块；用尖棱形或扁楔形一端沿岩层层面敲击，可进行岩层剥离，有利于寻找化石和采样。此外，地质锤也用于整修岩石、矿石等标本，使其达到手标本的规格，便于包装和陈列。

在完整岩石露头上，用尖棱形或扁楔形一端为楔，用另一把地质锤敲击，可在岩石表面开凿成槽，沿层理、片理或节理面剥离，便于采集岩矿、化石样品。此外，还可利用尖棱形或扁楔形一端进行浅处挖掘，除去岩石表面风化物、浮土等。

例如，采集化石的时候先看化石的围岩类型，如果是产于板状的页岩、铝土岩等岩层中，采集的时候先用地质锤的方头轻轻敲击化石周边岩石，用力由轻到重。因破碎是不可控的，用力过猛会造成岩石严重破碎。如果围岩的层理缝内已经比较疏松，可以试着用地质锤扁楔头沿层理方向轻轻敲打，允许的情况下（能采下比较大的一层）就可以用扁楔头把它撬下来（图 1.1-2）。

（a）使用地质锤方头敲击　　　　　（b）使用地质锤扁楔头敲击

图 1.1-2　野外露头上地质锤的使用示例

在观察一些露头时，如没有踩踏的地方，可先用地质锤扁楔头在坡地上挖去浮土、修出脚掌面大小的浅坑，便于站立和安全。

2. 放大镜

野外用的放大镜是简便易携带的小型放大工具，主要部件是凸透镜，有 5 倍、10 倍或 20 倍等放大倍数，用来观察岩石、矿物及化石标本。

放大镜的正确使用方法：左手持被观察的样品，右手大拇指和食指握住打开的镜面，右手中指轻轻压在样品表面，左、右手同时配合移动，调整眼睛（靠近放大镜）、放大镜、样品目标的光学视线和焦距，直到看清楚放大的目标为止（图 1.1-3）。

图 1.1-3　放大镜的使用示例

3. 地质罗盘

罗盘（图 1.1-4）的全称是地质罗盘仪，因原理和用法与光学经纬仪一致，又叫袖珍经纬仪。基本的功能是依据磁针南北方向，测量走向、水平夹角和倾角。罗盘是野外地质工作中最基本、性能最稳定、精度和操作比较均衡的器材，有长期的使用传统，是标配野外工作仪器。因读数必须保持气泡居中，初学者要反复练习。

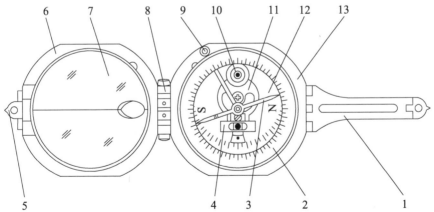

1—长照准器（折叠觇板与觇孔）；2—水平刻度盘；3—磁针；4—垂直/测斜水准器；
5—小照准合页；6—上盖；7—反光镜；8—连接合页；9—固定器；10—圆气泡；
11—垂直刻度器；12—竖直刻度盘；13—底盘。

图 1.1-4　地质罗盘仪的构造

罗盘的主要用途和使用方法：

（1）测量产状。

走向、倾向、倾角是产状的基本要素，测量产状是罗盘最常见的基本用法。

① 测走向。

走向即岩脉在水平上投影的方向。将仪器上盖（6）打开，让上盖和底盘（13）的表面在同一水平面上，调好本地区的磁偏角，将仪器两个长边靠在岩层的特征面［具有代表性的面，见图1.1-5（a）及（b）前排示意］，保持圆水泡居中，读取磁针北极所指示的度数，即为岩层的走向。

（a）地质罗盘的放置

（b）地质罗盘的使用

图1.1-5　测岩层走向时地质罗盘的使用

② 测倾向。

倾向是垂直于走向所指示的面的方向。用连接合页（8）下边的底盘的短边或上盖的背面靠稳岩层的特征面［见图 1.1-6 和图 1.1-5（b）后排示意］，长针指向岩层向下的方向，保持圆水泡居中，磁针北极所指的度数即为岩层的倾向。

图 1.1-6　测岩层倾向时地质罗盘的放置

③ 测倾角。

倾角为垂直于走向水平面夹角的角度。打开上盖（6）到极限位置，仪器的侧边垂直于走向而贴紧岩层的特征面（见图 1.1-7，调整长水泡居中，指示器所指的方向盘的度数即为岩层的倾角）。

（a）地质罗盘的放置　　　　　　　　　（b）地质罗盘的使用

图 1.1-7　测岩层倾角时地质罗盘的使用

在实际测量中，走向和倾向两因素，只需测其中一个就可以，因为走向和倾向是互为 90° 的关系。

产状通常记录倾向的倾角，如 220°∠35°，表示走向为 130° 或 310°、倾向为220°、倾角为35°。同时，要及时把岩层产状用符号标注在图件上对应位置，产状符号一般采用⊢35。符号按实际方位绘制在图上，长线表示走向，短线表示倾向，度数代表倾角。图上倾角数字后不标示角度单位"°"。

（2）草测地形。

① 定方位。

方位即目标所处的方向和位置。定方位也叫交会定点。当目标在视线（水平线）上方时，左手握稳罗盘，上盖背面向着观察者，手臂贴紧身体，以减少抖动，右手调整长照准器和反光镜，转动身体，使目标、长照准尖的像同时映入反光镜，并为镜线所平分，保持圆水泡居中，磁针北极所指示的度数即为该目标所处的方向（图1.1-8）。

图1.1-8　地质罗盘的手持方法

当目标在视线（水平线）下方时，右手握稳罗盘，反光镜在观察者的对面，手臂同样贴紧身体以减少抖动。左手调整长照准器和上盖，转动身体，使目标、照准尖同时映入反光镜的椭圆孔中，并为镜线所平分，保持圆水泡居中，磁针北极所指示的度数即为该目标所处的方向。

按照同样方法，在另一测点对同一目标进行测量。因此，从两个测点引出的方向线相交点即目标位置。

② 测坡角。

测坡角，就是测量目标到观察者与水平面的夹角。

测坡角的方法：右手握住仪器外壳和底盘，长照准器在观察者的一方，将仪器平面垂直于水平面，长水泡居下方。左手调整上盖和长照准器，使目标、照准尖的孔同时为反光镜椭圆孔刻线所平分，然后右手中指调整手把，从反光镜中观察长水泡居中，此时指示盘在方向盘上所指示的度数即为该目标的坡角。如果测某一坡面的坡角，则只需把上盖打开到极限位置，将仪器侧边直接放在该坡面上，调整长水泡居中，读出角度，即为该坡面的坡角（与测产状中的倾角相同）。

③ 定水平线。

把长照准器扳至与盒面成一平面，上盖扳至 90°，而照准尖竖直，平行上盖，将指示器对准"0"，则通过照准尖上的视孔和反光镜椭圆孔的视线即为水平线。

（3）罗盘的维护。

① 磁针、顶针和玛瑙轴承是仪器最主要的零件，应小心保护，保持干净，以免影响磁针的灵敏度。不用时，应将仪器关牢。仪器关上后，通过开关和拨杆的动作将磁针自动抬起，使顶针与玛瑙轴承脱离，以免磨坏顶针。

② 所有合页不要轻易拆卸，以免松动而影响精度。

③ 合页转动部分可滴点钟表油以免干磨。使用后应存放在通风、干燥地方，以免发霉。

（4）校正磁偏角。

地理北极方向是真子午线方向，罗盘磁针指向的北方是地球的磁北极方向，即磁子午线方向。基准方位一般采用真北方向。一般地球上一点的磁子午线与真子午线并不重合,磁北方向偏离真北方向的角度叫作磁偏角，一般以 i 表示。如果磁北方向在真北方向以东，叫作东偏，规定为正角；如果磁北方向在真北方向以西叫作西偏，规定为负角（图 1.1-9）。

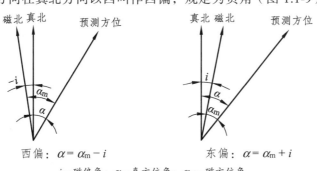

西偏：$\alpha = \alpha_m - i$ 东偏：$\alpha = \alpha_m + i$

i—磁偏角；α—真方位角；α_m—磁方位角。

图 1.1-9 磁偏角及其校正示意

当罗盘长照准合页指向磁北方向时，磁针指向 0°，这时罗盘测量的是磁方位角。当罗盘长照准合页指向真北方向时，磁针仍指向磁南北方向并不指向 0°，罗盘测量的仍是磁方位角，必须利用关系式：$\alpha = \alpha_m \pm i$（α 为真方位角，α_m 为磁方位角，i 为磁偏角）进行换算，才能得到真北的 0°方位角。

罗盘出厂时，其 0°刻度一般在长照准合页的方向。而罗盘的指针为磁针，总是指向磁南北方向而保持不动。当将罗盘顺时针方向旋转时（与方位角的计量方向一致），磁针却相对逆时针方向旋转，因此罗盘刻度值按逆时针方向标记。

获得真方位角必须进行罗盘校正。由于罗盘刻度值是按逆时针方向标记的，罗盘校正的方法是东偏多少度，则将刻度环顺时针旋转对应角度；西偏则将刻度环逆时针旋转。例如，磁偏角为东偏 5°，则将 5°刻划线调至对准罗盘北端标记线。校正前，0°位于照准点或长照准中心合页中心线的位置；校正后，0°已调离照准点或长照准中心合页中心线的位置。再如，北京地区西偏 5°50′，则将 355°10′刻划线调至对准北端标记线。经校正后磁偏角的罗盘可直接用于测量方位角。

1.2　GPS 与手机 APP

随着技术的进步，一些新的移动电子工具用于野外工作时的要素测量，已逐渐成为常规方法。例如 GPS 和"地质测量"等手机软件。

1. GPS

GPS 是以人造地球卫星为基础的高精度无线电导航的定位系统，它能获得在全球地表和近地空间准确的地理位置、车行速度及精确的时间信息。GPS 的基本功能是提供地理位置和海拔高程信息（图 1.2-1）；依据两点之间的位置差别，GPS 可测得线状地物的长度和高差；依据封闭多边形，GPS 可计算出投影面积。此外，在编号、观测点的自动记录和数据的兼容、叠加等方面，GPS 也很方便。

依据数据接收方式，GPS 分为主动式和被动式。目前，民用共享数据平台有中国北斗、美国 GPS、欧洲伽利略、俄罗斯 GLONASS 等。不同的GPS 生产商和数据平台，在测量上存在一定的误差，有米级、亚米级和厘米级等范围。因此，注意选用不同的服务。例如，在延伸比较远的构造层上，米级的 GPS 基本能够满足要求；在测量滑坡体的方量上，通常不超过亚米级。

（a）GPS　　　　　　　　　　　（b）手机 APP

图 1.2-1　GPS 和手机 APP

GPS 使用方便，但也受地形、天气和续航能力的限制。通常在地势通达、树木等遮蔽较小时，用 GPS 来定向、定位效果比较好。

GPS 在地质地貌上主要的应用：

（1）为剖面测量和野外填图提供定点、定位数据，给出确定点的地理坐标和高程以便投影成图，测量地形高程。

（2）初步测绘地表形变，检测地壳运动，监测地质体内部形变或整体相对位移。

（3）按校点布设后，快速提供各点坐标和高程，为地质体、采掘场地、地貌单元生成不同比例尺的地形图。

（4）记载观察者的运动轨迹，为野外工作提供时间和位置顺序，用于校正记录。

2. 手机 APP

当前智能手机都几乎内置了 GPS，甚至装有陀螺仪和预置防抖功能。在手机操作系统基础上，网络上开发出很多用于野外工作的 APP，例如辨识岩石、植物的软件，能帮助人们在野外现场进行初步判定，使用相当方便。

用于地质地貌的手机 APP 通常包含"智能地质罗盘""地质测量""GPS 状态""三维地图"等功能模块。依据手机所在的地理位置和手机本身的水平或倾斜等空间放置状态，手机 APP 以图形和数据两种方式显示产状等信息［图 1.2-1（b）］。

根据手机服务基站本身的地理信息和交叉定位，APP 给出的地理信息定位快、标绘方便、空间直观性强、空间关系清楚。但手机 APP 也受地形和基站布局的限制，地理信息精度和稳定性稍逊于 GPS，连续使用对电池的续航能力要求高，且部分功能收费。

地图类手机 APP 的主要应用是提供地图导航，查询经纬度、海拔和位置信息，能够测量长度、面积和进行标绘；地质类手机 APP 主要提供快速产状测绘结果，附有 GPS 位置信息、行政区位和简单坐标变换。

1.3 野外照相与地质素描

一图胜千言，图像最主要的作用是直观地反映出内容。野外拍照能快速、简便地记录非常详细的内容，但细节太多，不太容易突出主题。素描能够清晰表达地质地貌主体的空间形态和相互关系，但要求有一定的绘画基础，且用时比较长。野外记录中，两种方法配合使用。

1. 野外照相

照片能够反映地表现象的完整信息，能够忠实记录现象的内容和工作过程，尤其在后期室内工作中能辅助整理工作内容（图 1.3-1）。

野外照相机一般选用携带方便、容量大的机型，数码相机还要考虑电池续航能力。多数情况下，出于任务目的，相机主要记录整体概貌和局部细节，普通相机均可满足要求，但单反相机的成像质量更高。部分数码相机有短时录像功能，可以记录一些地表过程。

图 1.3-1　野外照相和标绘示例

（同一次地震造成的 ABCD 四个地点地表裂隙的水平位移和垂直位移）

随着数码相机和手机摄影功能的普及，数码照片的拍摄和使用最为常见，同时也产生了大量主题不明、用意含糊的图片。因此，拍摄地质地貌照片时，要注意下列问题：

（1）首先注意拍摄地点的安全，确定安全后再开展后续工作。

（2）根据记录主题要求，确定拍摄对象的主体和周围环境的关系，确定构图。基本的构图有人像（取景框竖直）和风景（取景框水平）两种方式。使用相机调焦或手机缩放来调整取景框内表达范围，确定拍摄主体和环境的正确关系。一般以九宫格方式把取景框划分为不同区域，而将记录对象放置在交叉点附近或黄金分割点上，以求得构图平衡。

（3）焦点应当汇聚在拍摄主体或需要观察的部分上，保持照片清晰。保证清晰是提升图像质量的关键，除焦距准确外，拍摄时还应借助旁边稳固的岩体或树木做支撑，防止抖动。

（4）一般不宜在正午时或者光线过暗的地方拍摄。控制拍摄模式，保持光线柔和，一般有一定入射角度的光线照射时比较好。使照片有一定的层次，反差不宜过大。

（5）尽量在拍摄主体旁放置对比物件，例如硬币、铅笔、地质锤；比较大的地质体旁边还可站立人做对比，给阅读照片时提供大致的参照比例。

（6）借助罗盘、GPS或用器材本身的定位功能为照片标记定位，设置并记录照片的野外具体位置、高程和镜头朝向等信息。

野外照片要及时保存、整理，防止信息丢失。在使用照片时，还要给照片适当标记。标记的位置、大小和颜色设置以不干扰阅读为宜（图1.3-1中序号、方向、相对、移动距离等）。例如，标注出照片次序，用虚线提示构造界线和走向，用箭头标明镜头朝向等。

2. 地 质 素 描

地质素描是用绘画素描技法描绘出地质、地貌事物或现象的空间形态及相互关系，如地貌景观、地质构造、岩石矿物等内容。

（1）地质素描内容与分类。

地质素描是文字描述的重要补充。一张好的素描，有方位、比例尺、产状数据和必要的地质花纹、符号和标记，去除了景观中容易干扰判定的成分，简化了与主题关系不大的内容，能清晰、直观、突出地反映地貌和地质特征（图1.3-2）。

图 1.3-2　彭州大鱼洞小褶曲和小断裂剖面素描图

素描图按表现地质内容的方式分为两大类：一类用花纹图例表达地质内容的平面图素描。它用极简单的线条勾绘地形轮廓，着重突出地质、构造现象，如平面素描图、剖面素描图、露头素描图等，这种素描最为普遍、实用。另一类为立体图像素描，其表现手法以绘画理论为基础，再结合地质的要求。例如，用于反映区域地质构造或地貌的远景素描，以及用于反映大中型构造、地层接触关系的近景素描图。

（2）地质素描基本原则。

① 内容概括。在野外素描地质物像时，要主题明确，重点突出，不能将无关的现象作为图中主要内容加以描绘，同时要抓住素描对象的要素，合理地选择和使用线条，使画面清晰、整洁、美观，富有立体感和真实感。这是素描图优于多数普通照片的地方。

② 活用线条。在地质素描中，线条是重要的基础，有水平线、直立线、斜线、弧形线和曲线五种，根据它们在素描中所起的作用，一般又分为轮廓线条、块面分割线条及阴影线条三类。其中，轮廓线是控制物体的外形的基本线条。如坚硬岩石组成高而尖的山顶，而泥炭和页岩则常组成丘陵甚至谷地；块面分割线是一种辅助线，主要反映素描对象的次一级形态变化及分割面的性质，如斜面、波状面、弧形面及竖面等；阴影线表示物体的明暗程度不同，增强立体感，它可以是点线、直线或曲线（图 1.3-3）。

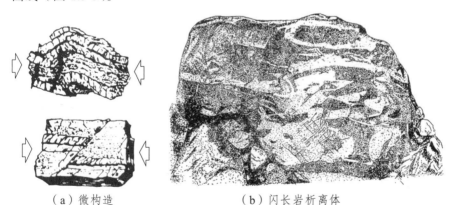

（a）微构造　　　　　　　　（b）闪长岩析离体

图 1.3-3　手标本上的微构造和闪长岩析离体素描

③ 取景平衡。当确定素描对象（如褶曲、断层、河曲、阶地及侵蚀

面等）后，即可取景着手素描。野外取景的简易方法常以双手食指与拇指组成框形，代替硬纸板取景框。素描图的比例尺可取相似比例尺。

④ 体现透视。透视是物像在平面上的投影成像，一般采用远小近大的几何画法。野外地质素描，是利用单色的线条，在平面图纸上表示各种地质物像的空间变化及相互关系，尽可能地表现出立体感和真实感，即体现透视原理。

⑤ 标注完整。一幅画好的地质图，应标明方向、比例尺、图名、地质符号或代号、地点及山岭名称、标高等。

地质素描是一项要求较高的基本技能，它的实践性很强，掌握和运用的难度也较大。因此要反复练习，不断总结经验，才能提高素描技巧。

1.4 地理信息系统和数字高程模型的应用

国家出版的地形图负载了地理基础信息，准确可靠，但是纸质载体，在数字化信息的使用和交换中还需要比较多的转换工作。如今，相关卫星平台上发布了多种数字高程模型数据，能够满足一般的野外工作和学习的需要。

1. 地理信息系统的应用

当前，自然资源部门和生产单位的地质、地貌图件基本都是由 GIS（Geographic Information System，地理信息系统）支撑。

地理信息系统指的是由电子计算机网络系统所支撑的，对地理环境信息进行采集、存储、检索、分析和显示的综合性技术系统。将地理信息系统引入到地质实习中主要是借助相关专业地理信息处理软件，完成实习路线不同观测点的野外数据采集、野外数据导入和地质剖面图的绘制等内容。

野外数据采集是实现数字化地质调查的基础，需要收集不同观测点的地质年代、地层岩性、地质构造、水文地质、环境地质等一系列数据。

野外数据导入主要借助专业数字填图装置，它是一种用于数字填图的现代化野外设备，主要包括用于野外数据采集的 iPad、GPS、便携式计算机、数码照相机、数码摄像机和数字语音录入笔等。基于野外收集的地质数据，可以实时地借助数字填图技术将基本的地质信息导入到相关的绘图软件中，对点、线、面等要素数据按照一定的要求进行投影转换，转换后的信息就可以直接借助绘图软件绘制观测路线的平面图以及剖面图。

GIS 对地质地貌主要的作用：

（1）地图显示。在线地图是野外实习的良好辅助，调用天地图等在线地图服务，包括地图显示、基本地图操作（缩放、漫游等）。GPS 定位用于野外地质实习过程中，系统自动获取位置并提供标记、记录等服务。

（2）信息查询。一般能获得调查点上的位置、高程和地形河流植被等自然环境信息，专用 GIS 软件中还能查询当前点的文本、图片、音频、视频、全景影像等信息。主要是利用查询功能获得地质地貌前期的工作基础和判定当前点在区域岩性、构造、地貌中的关系，或使用距离、面积、方向等测量功能（图 1.4-1）。

图 1.4-1　野外调查点上参照 GIS 上的地图显示

（3）信息采集。野外通过该功能实现对某地质构造现象位置的地图标注，还可以针对该标注点编辑上传文本、照片、音频及视频等信息。

（4）野外成果表达。避免了手工成图不规范、速度慢、美观程度低等缺陷，一般 GIS 中都有地质等行业用的点线面符号，在区域基础地理底图和地形基础上，形成分层设色甚至三维的可视化野外成果图。

2. 数字高程模型的应用

数字高程模型（Digital Elevation Model，DEM），是地形表面形态属性信息的数字表达，是带有空间位置特征和地形属性特征的数字描述，是用栅格模型存储离散地表实际高程的数据表示方法（图 1.4-2）。

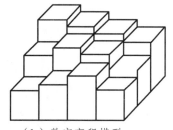

50	45	40	35
50	40	35	25
20	25	30	20

（a）格网　　　　　　　　　　（b）数字高程模型

z_1	z_2	z_3
z_4	z_5	z_6
z_7	z_8	z_9

（c）邻域关系

图 1.4-2　格网化数字高程模型及其邻域关系

DEM 可以用离散格网的方式表示地表形态变化，由于它具有高程和地理空间信息，还可以从中提取出各种地形信息，如高度、坡度、坡向、粗糙度，并进行通视分析、流域结构生成等应用分析。栅格的大小即分辨率，是 DEM 描述地形精度的一个重要指标。一般分辨率越小越精确，但数据存储、读取和计算的开销也越大。

DEM 在地质地貌上除了表示地形变化、绘制剖面图外，还可实现以下功能：

（1）区域内坡度、坡向快速分析。在描述地形地貌、通过断层进行地质演化过程分析时，坡度、坡向是必须考虑的因素。DEM 可以进行坡度、坡向的快速计算和可视化表示。可按下列公式计算基于格网化 DEM 的坡度 slope（三阶不带权差分方法）、坡向 aspect。

$$slope = \arctan \sqrt{f_x^2 + f_y^2}$$
$$aspect = 270° + \arctan(f_y / f_x) - 90° f_x / |(f_x)|$$
$$f_x = (z_7 - z_1 + z_8 - z_2 + z_9 - z_3)/6g$$
$$f_y = (z_3 - z_1 + z_6 - z_4 + z_9 - z_7)/6g$$

式中，f_x、f_y 为在 x 和 y 两个方向上的高程变化；g 为网格间距；$z_1 \sim z_9$ 为以 z_5 为中心的相邻 8 个栅格单元上的高程值［见图 1.4-2（c）］。

（2）增强立体感。增强图件的直观性是地质制图的要求，地质图使用 DEM 图层后可以通过晕渲或山体阴影等方法来增强图件的立体感而增强直观性。叠加 DEM 要素以后的图件，地质界线更清晰，更能突出各类地质现象。DEM 作为一个图层存在，可添加在制图软件的工程中，能够丰富地图要素，增强图幅的基本环境因子分析。

（3）通过 DEM 数据进行地形地貌分析，增强对滑坡体的观测和滑坡信息的提取，特别是利用高精度 DEM 对滑坡区域进行定量提取。可利用 DEM 进行建模，分析地表水沙运移方式，量算形变位移方量的大小和路径。

（4）提高制图精度。水系在进行制图综合的过程中，取舍及弯曲的表达受制图者认知的影响。通过 DEM 绘制的水系，整体吻合较好。

3. 常用的 DEM 数据源

DEM 可以依据地形图等高线采集，也能从卫星、飞机或无人机等航空航天测绘平台上获取（表 1.4-1）。

表 1.4-1　DEM 数据产品及精度

名　称	简介
ETOPO	美国地球物理中心 2011 年起发布，1 km 分辨率，ETOPO1 效果最好
ALOS PALSAR	日本对地观测卫星，覆盖 87.8°N ~ 75.9°S
ALOS-DSM	水平精度 2.5 m，垂直精度 5.0 m
WorldDEM	德国，12 m×12 m 格网，垂直精度 2 m（相对）、4 m（绝对）
国产资源三号卫星	精度 5 m 左右

常用开源的 DEM 数据：

（1）SRTM（航天飞机雷达地形任务），美国政府已向公众发布了最高分辨率的 SRTM DEM，空间分辨率为 1 弧度秒（约 30 m）。覆盖了世界大部分地区，绝对垂直高度精度小于 16 m。

（2）ASTER（全球数字高程模型），有 90 m 的分辨率和 30 m 的分辨率，具有高分辨率和较大的覆盖范围（占地球的 80%），但云量影响了 ASTER 的精度。

（3）ALOS World3D 是一个 30 m 分辨率的数字表面模型（DSM），由日本航空航天勘探局（JAXA）拍摄。DSM 已向公众开放。

（4）地理空间数据云平台。由中国科学院科学数据中心建设和运行维护，逐渐引进当今国际上不同领域内的遥感和 DEM 国际数据资源，可对数据进行加工、整理、集成，并提供数据的集中式公开服务、在线计算等。

1.5　遥感影像图的使用

遥感影像的优点是能够突破点上工作的限制，提供了区域范围上的地物特征，已经广泛应用于地质、地貌野外工作的岩石、构造、矿体识别和地质灾害监测。地质地貌上常用的遥感影像有 ETM、谷歌、天地图等。

1. 遥感地质解译的原则

色、形、坐标位置是遥感图像的三要素，其中坐标是固定的，色、形二要素是影像解译的关键。色调是区分不同地物的根本因素，但色调的影响因素很多，变化大、稳定性差。地质地貌解译中，主要是分析、判别地质体或地貌单元色调的相对差异和相互关系。形态、纹理取决于地物的平面投影，反映了不同级别的沟谷和不同形态的山体组成的地貌。应通过色、形建立起解译标志。

TM7、4、3 通道分别赋予 RGB 的彩色合成图，最接近自然色彩，图面色彩丰富，清晰度高，干扰信息少，具有丰富的地质信息和地表环境信息，解译效果好。在地质解译过程中，可参照以下目视解译经验：

（1）多种遥感图像相结合。工作前要尽量收集工作区内能收集到的各种遥感图像，如不同传感器、不同分辨率、不同时相、不同波段、不同比例尺的遥感图像等，也可尝试多波段图像不同波段组合，对比解译。将各种遥感图像结合起来进行解译，以长补短，能获取较多的地质信息。

（2）先整体后局部。即先概略解译全区卫星图像，建立起整体概念后再解译单景图像，解决细节问题。

（3）先易后难。先勾绘比较清楚、把握性较大的地质界线，然后再逐一解决疑难问题。

（4）先构造后岩性。先勾绘出各种构造形迹（先断层后褶皱），然后再解译岩性、地层（先岩浆岩、后沉积岩和变质岩）。有时构造和岩性解译需结合进行，互相印证。

（5）先目视后图像处理，两者相结合。在目视解译的基础上，带着问题、有针对性地选择合适的图像处理方法，得到处理结果后再作目视解译。

（6）图像解译与地面调查相结合，遥感图像与物化探资料相结合。解译前要广泛收集地面地质资料和物化探资料，供图像解译时参考和印证，并辅以必要的实地调查和检验，以保证解译质量。

2. 遥感影像判别活动断裂

活动断裂构造指近代（第四纪）和历史时期有过活动（位移或古地震），现代正在活动或将来可能活动的断层。活动构造是现代地貌，尤其是现代构造地貌发育的重要因素。因此，所有控制或者改造现代构造地貌和水系格局发育特点的构造形迹大多是活动构造，许多构造地貌和水系格局的外部形态本身也就是活动构造的直接表现。它们的形态特征都需通过色调、地貌、水系等标志的综合分析来揭示。活动断裂的色调标志一般比较清晰，常表现为色带异常或不同色调的界面。线状色调的深浅、长短、宽窄及隐显程度是判断活动断裂规模大小及活动程度的依据之一。

构造地貌和水系格局的异常在活动构造解译中占有相当重要的地位，例如：

（1）地貌单元之间的急剧变化，如由高山区突然转为平原，它们之间大都有活动断裂存在。

（2）在同一个大的地貌单元内部高程有显著差异的地段，都有活动断裂的存在。现代湖盆、山体，凡边界为直线状、折线状，与周围相比有显著高差者，一般都与活动断裂有关。

（3）现代河流呈直线状或格状展布，山谷、河谷的错位和扭曲变形，河流的异常点或异常段（包括改流点、决口点、分流点、汇流点、展宽点、变窄点、直流段和曲流段、坡降急剧变化段等）呈线状展布和河网的演变等，也都与活动断裂密切相关。在平原区，河流的变迁和异常地段有时能够揭示隐伏活动构造的轮廓和规模。例如，新隆起区常常引起河流的绕行、改造、深切或侧向迁徙，新凹陷区常引起河流的汇聚。

此外，第四系松散沉积物被切割、错开以及洪积扇的变形、叠置等都是活动断裂的可靠标志。现代湖泊呈线状或雁列状展布往往是大型活动构造的显示。现代地震形成的一些崭新的地貌现象，例如喷沙口、响水口、地裂缝、地沟、陡崖等，也是揭示活动断裂的有用标志。

例如，图 1.5-1 所示的遥感影像展示了断层在阶地上的错动。实地中因肉眼观察范围限制和地物遮蔽，很难判断构造线的规模和延伸方向。这是影像的优势。

图幅东侧河流有明显的深槽和河漫滩分布，河谷较宽。水流走向比较平直，同时修建有桥梁和河坝，表明该河段受到人类活动的强烈干扰。河流西侧分布大面积农田，显示出地形较为平坦，是不同高度的阶地。阶地之间的坡坎上地形较陡，主要为林地。

东南方向阶地内部，影像上有明显的裂痕，为 NWW-SEE 向，切穿了整个阶地面，是断裂错动在地表的痕迹。

图 1.5-1　一条 NWW-NEE 方向断层穿过了阶地面

又如，图 1.5-2 所示的影像显示了袭夺河的形态。

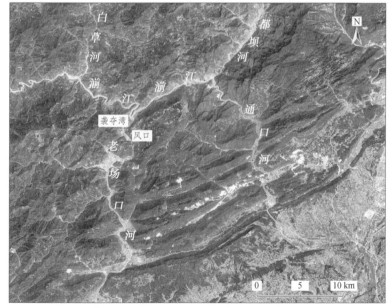

图 1.5-2　受构造控制下的格状水系及河流袭夺格局

　　区域内现代河流湔江-通口河自西北向东南贯穿了图幅,在图中西部处形成深切曲流,有多处反向流动。图内西南侧河流老场口河自北向南顺山势流动。若水流自白草河入湔江经老场口河流出,流路最短。但现代老场口河主要的汇水来自西侧各级支流,来自北侧的汇水不清晰、流域面积特别小。这是被区内大河流袭夺后,北侧成了断头河,水系发育极其微弱,而汇水主要来自西侧沟道。

　　风口在影像上反照率较高、呈线性的公路交会点和北侧大河流河道曲率最大点之间的山口上,河道曲率最大点附近形成袭夺湾。

　　影像上地形在东南区域出现剧变,由山地突然转为平原,反映大地构造的基本方向为北东-南西向。相应水系具有三个基本特征:① 河流的干流、支流均平行或正交于构造方向;② 河流呈格状水系特点,即支流近垂直流入干流,干流呈直角拐弯;③ 多条河流表现为格状水系,说明该区域水系发育普遍受构造控制。

2

地形图地质图读图用图

2.1 简易野外定向

定位定向是野外工作中确定所处位置，或描述观测对象时的前提条件，建立起与前期图件之间的联系。如带有地形图或罗盘、GPS 等资料器材，可通过参照标志地物或读数来快速确定方位。当地形图比例尺过小，或卫星信号不稳定时，一般用罗盘来定向。

定位一般参考周围地物（如河流或道路的交叉点），或通过与标志地物的方向和距离反推目标点位置（如距离道路、河流平直段的距离，山形、河流、道路的最大转折点等）。一般寻找自身在图上的位置比较容易，但不同图件之间的定位需要仔细推断，它们很可能使用了不同比例尺甚至不同投影方式，这时的定位需要格外仔细。

有时只需要确定大致的方向进行简要判定时，下面的方法可供参考。

（1）立竿测影。测定日影是古老可信的定向方法，曾经推动我国传统历法的制定和革新。一般我国多数地方的日影方向都偏北，加上所处的上午、中午、下午日影，可以判定正北（图 2.1-1）。身处陌生复杂的山势地形中，凭借树木的日影能快速判定南北方向。

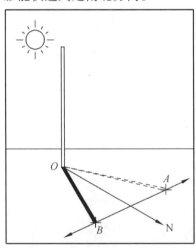

图 2.1-1　北半球日影方向都偏北

（2）手表定向。手表 12 小时刻度和太阳一天运动周期为 24 小时有一一对应的关系。首先读出当前时刻，并将时刻换算成 24 小时进制，例如下午 2:24 为 14:24；再将数据除以 2（手表的盘面刻度进制为 12，是 24 小时的一半），则 14:24 为 7:12，调整手表方向，使手表中心、7:15 刻度（换算后的数据）和太阳在一条直线上，这时手表 12:00 刻度所指的方向为正北方（图 2.1-2）。

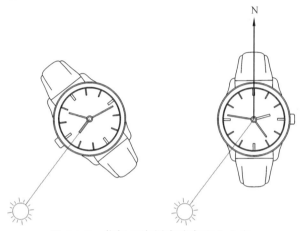

图 2.1-2　依据手表刻度确定正北方向

（3）星座定向。我国大部分地区位于中高纬度地带，夜间星空可辅助定向。由于地轴在天球上的指向离北极星非常近，可以用北极星来指示正北方向。但北极星不是特别明亮，视星等为 1.98，在众星中比较普通，一般先找到非常容易识别的北斗七星（大熊星座），再通过斗口上的两颗亮星（天枢、天璇）连线，延伸约 5 倍远的距离，找到北极星（图 2.1-3）。

图 2.1-3　北极星指示正北方向

（4）植物辅助定向。受山地地形限制，不同坡向的气温和太阳照射并不一致。北半球北坡太阳照射少，属于阴坡。而西坡因上午先升温，午后气温高时又经太阳照射，蒸发更加旺盛，土壤湿度偏小，属于阳坡。阴坡一般湿度较大，植被覆盖度较高。同一株树木，南侧向光的枝叶更茂密。而苔藓、地衣等在背阴处的长势更好。

2.2 地形图分幅及编号

国家出版的地形图提供了准确可靠的地理位置、距离和自然、社会基本要素信息，是野外工作的依据，野外工作成果最终要落实在以地形图为底图的图件上。1：20 万和 1：25 万分幅地质图是在历年野外勘探和钻井基础上整理出来的基础地质资料成果，是认识区域地质现象的基础资料。

分幅地形图和地质图的使用都有一定的密级要求。

地质图的分幅依据地形图。地形图负载了全面的地理信息数据，是地质地貌野外工作重要的依据。借阅地形图，关键是能够依统一编号在图库中迅速找到地形图。

地形图的编号基本依据 1：100 万分幅。1：100 万比例尺分幅和编号由国际统一规定，从赤道向两极以纬度差 4° 为一列，依次用 A、B、C……表示；由经度 180° 起，从西向东以经差 6° 为一行，依次用 1、2、3……表示。

1：100 万地图在经、纬方向上 2 等分，即纬差 2°、经差 3°，得到 4 幅 1：50 万分幅；在经、纬方向上 6 等分，即纬差 40′、经差 1°，得到 36 幅 1：20 万分幅；在经、纬方向上 12 等分，即纬差 20′、经差 30′，得到 144 幅 1：10 万分幅；1：5 万可依据 1：10 万 2 等分，即 4 幅（表 2.2-1）。

表 2.2-1　地形图的两种分幅及编号

比例尺	1992 年以前国际分幅方法及图幅编号						新分幅编号
	经差	纬差	分幅基础	图幅数量	分幅代号	示例	示例
1：100 万	6°	4°	1：100 万	1	纬行 A，B，…，V 经列 1，2，…，60	H-48	
1：50 万	3°	2°	1：100 万	4	A，B，C，D	H-48-C	H48B002001

续表

比例尺	1992 年以前国际分幅方法及图幅编号						新分幅编号
	经差	纬差	分幅基础	图幅数量	分幅代号	示例	示例
1：25 万	1°30′	1°	1：100 万	16			H48C002002
1：20 万	1°	40′	1：100 万	36	(1), (2), …, (36)	H-48-[20]	
1：10 万	30′	20′	1：100 万	144	1, 2, 3, …, 144	H-48-87	H48D008003
1：5 万	15′	10′	1：10 万	4	A, B, C, D	H-48-87-B	H48E015006

如果已知实习点的位置，要检索地形图分幅，可由下列公式反求。

（1）1：20 万　　　$i = 31 - 6 \times [6 \times (\varphi/4)] + [6 \times (\lambda/6)]$

（2）1：10 万　　　$i = 133 - 12 \times [12 \times (\varphi/4)] + [12 \times (\lambda/6)]$

（3）1：5 万　　　　$i = 3 - 2 \times [2 \times (3\varphi)] + [2 \times (2\lambda)]$

式中，i 为索引号；φ、λ 分别为某地的经纬度；（　）表示只取小数部分，如（23.33）= 0.33；[　] 表示取整，如 [23.33] = 23。

已知一地的经纬度坐标时，可依据分幅方式的编号查阅该地不同比例尺的地图。1991 年后，中国图幅编号按便于数字数据存储和检索的方式规定了新的编码。新旧图幅号也可在 MapGIS 或专用分幅编号等 GIS 软件中查询获得。

可充分运用地形的方里网（公里格网）快速判定图上目标地物的大致距离和面积（表 2.2-2）。例如，在 1：5 万地形图上，两地相距 2 cm，实际距离为 1 km；如两地大致在格网的对角线上，则相距约 1.4 km。

表 2.2-2　不同比例尺方里网的间距

比例尺	方里网长度/cm	实际距离/km	方里网面积/km²
1：1 万	10	1	1
1：2.5 万	4	1	1
1：5 万	2	1	1
1：10 万	2	2	4

坡度值的大小，可用两脚规或直尺快速量算。正式出版的地形图，下侧均附有坡度尺。首先应当明确，一般按最大下降方向，即最短重力

路径方向量算坡度。使用时，有相邻 6 条等高线和相邻 2 条等高线的差别（图 2.2-1）。

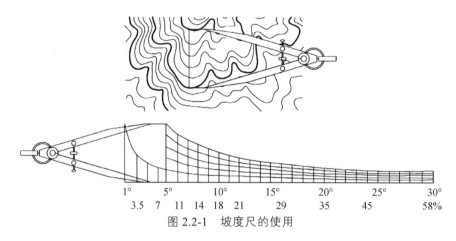

图 2.2-1　坡度尺的使用

2.3　地形图在野外的应用

使用地形图是在了解地形图符号和制图表达方式的基础上，通过读图熟悉工作区的情况，包括地形和地物的各个要素及其相互关系。地形图中最核心的自然要素和社会经济要素是阅读的重点，反映了区域内地形、水系、植被和道路、居民点等地理基础信息及其位置、分布和相互关系。

通过本节内容学习，能够用地形图进行定位、定向，在野外能够运用地形图读取和校正海拔，计算高差，了解手绘剖面的依据。

1. 地物定位

野外经常需要把一些目标观察点标绘在地形图上，即在地形图上进行地物定位。利用地形图在野外定点一般有两种方法。

（1）交会法。

在地形图比例尺稍大的地质调查工作中，定点精度要求较高时采用这种方法。

操作步骤：

① 首先利用罗盘使地形图定向，方法与目测定向相同。

② 接着在观察点附近找三个可通视的且地形图上已标注出的已知点，如三角点、山顶、建筑物等，分别用罗盘测出观察点（未知点）位于这三个已知点的方位角。

③ 然后在地形图下找到三个已知点，按测线的方位角用量角器在图下分别绘出通过三个已知点的方向线，这三条线的交点即为所求之测点。若三条方向线不相交于一点而交会成三角形，称误差三角形，测点位置可取误差三角形的中心点（图 2.3-1）。

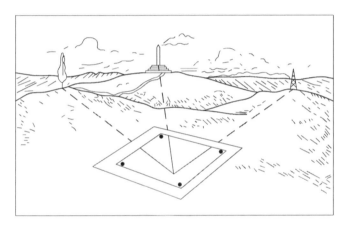

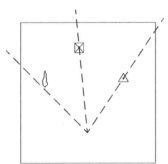

图 2.3-1　地形图上地物定位方法

（2）相对位置判定。

当定点精度要求不高时，可采用这种方法。

操作步骤：

① 首先在观察点上利用罗盘使地形图定向，即将罗盘长边与地形图

的东框或西框平行，然后转动图纸和罗盘，使指北针对准刻度盘零度。校准后，放置的地形图东南西北向与实地方向相符。实际河流、公路的延长方向与地形图上所标注该河流或公路相平行。

② 定向后，注意寻找观察点周围具有特征性的，且在图上易于找到的地形和地物，如山顶、房屋、道路或河流交会点，目测判定它们与该观测点的方向和距离，最后根据彼此的相对位置找出图上的观察点位置，并标绘在地图上。

2. 地形剖面

在地形图上进行定位后，能读取地物海拔。如果目标点在等高线上的，可直接读取；如果没在等高线上的，用相邻两条等高线的距离插值求得。已知海拔数据后，能够进一步校准 GPS 数据，或利用两点的高程数据求得高差。

野外经常手绘平面图和剖面图，例如构造剖面或重力地貌过程、坡地利用等，要依据实际地形起伏绘制地形起伏线，即剖面图。准确的地形剖面依据地形图绘制（图 2.3-2）。

依据地形图绘制剖面的步骤：

（1）确定剖面的方向，画出剖面基线 AB。

（2）确定垂直比例尺，垂直比例尺一般是原图的 2.5、5、10 倍等，倍数越大，起伏夸张越明显，一般在 5 倍以下。水平比例尺与原图一致。在原图的下面绘水平线 MN，按水平比例尺的大小定出剖面范围为横坐标，按垂直比例尺的大小，绘出纵坐标。

（3）画出剖面基线 AB 与等高线的交点，并从每一个交点向 MN 线上引垂线。

（4）根据规定的垂直比例尺依次找出垂线的高度。

（5）用平滑曲线把各点连接起来，得到整条剖面线的地形剖面图（图 2.3-2）。

如果有野外区域的 DEM（数字高程模型），可利用 GIS 软件直接绘出剖面图。

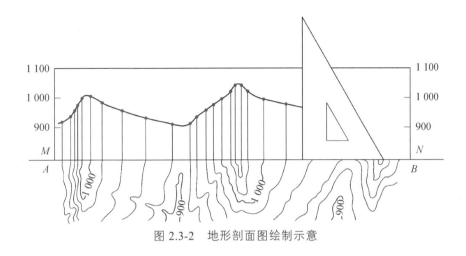

图 2.3-2　地形剖面图绘制示意

2.4　地质图读图与使用

分幅地质图负载的内容是相当丰富的，主要反映图幅内的地层和产状等信息，还有反映图幅中所有地层（岩性、主要化石）的柱状图和垂直于典型构造走向的地质剖面图。标准地质图也是野外调查成果成图、区域填图规范的基本参照。

1. 地质图及图式规格

地质图是用规定的符号（点线面图形、文字、颜色）把某一地区的各种地质体和地质现象（如各时代地层、岩体、地质构造、矿床等的产状、分布和相互关系），按一定比例概括地投影到地形图（平面图）上的一种图件。

一幅规范的地质图有统一的规格，除正图部分外，还包括图名、比例尺、图例、编图单位和编图人、编图日期、地质剖面图、地层柱状图和接图表等。

分幅地质图的编号依据同比例尺的地形图，图名一般依据图幅范围内最大的行政点名称命名。

2. 阅读地质图的一般方法和步骤

（1）方位。方位是指在水平面内，一点（未知点）在另一点（已知点）

的相对方向。方位角是在水平面内测出由已知点向未知点的连线方向与基准方向的夹角。方位必须有一个参照点或参照方向，也即基准点或基准方向。

地质图的方位，规定正北方向为 0°，正东方向为 90°，如此依次在水平面内顺时针方向旋转一圈为 360°（图 2.4-1）。例如，方位角为 60°，即为北东方向，通常可直接写为 60°；方位角为 210°，即为南西方向，可直接写为 210°。产状中走向、倾向就是以正北方向为基准的方位角。

地质上在表示大致方向时，习惯把南北方向写在前面，东西方向写在后面，例如 SSE-NNW。

野外使用地质图时，放置方位应与实际方位一致。

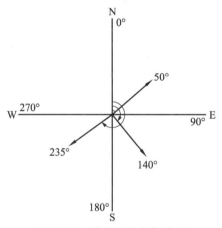

图 2.4-1　地质图的方位表示

（2）读图顺序。先阅读图名、比例尺、图幅代号，了解图的类型、地理位置，推算图幅面积，了解图件编制的详细程度；再读图例，然后读图幅内地层、沉积岩、变质岩和岩浆岩，分析它们的分布、发育情况。

（3）岩性认识。根据地质图左侧的标准柱状图，了解图幅区域内出露的主要岩层及其岩性，初步了解相邻地层的接触关系，以及地层中包含的主要化石。

（4）构造认识。分析图内水系和山脊的分布状况及地形的总体特征，帮助认识地貌与地层分布规律和构造的关系，了解地层分布、岩浆岩分布、地层接触关系、褶皱与断层发育情况。根据地质图下方的该区域内典型剖面，了解图幅范围中主要地层的空间接触关系。

（5）重点详读。根据读图目的，详读重点地区内容，分析岩层、产状、接触关系和构造变动顺序，结合柱状图，了解地质总体演化特征。

3. 岩层、构造在地质图上的表现形式

水平岩层的出露界线是水平面与地面的交线，因而在地质图上是一条与地形等高线重合或平行的曲线。变动幅度小的区域，新地层出现在高处（上坡方向），老地层在低处（下坡方向或谷地）。同一时代的水平岩层在坡度小时出露宽，坡度大时出露窄。上下岩层面出露高度差即为岩层厚度。

直立岩层面或地质界面（岩墙或断层面）在地质图上是一条切割等高线的直线，不受地形起伏影响。上下岩层面之间的距离即为岩层厚度。

倾斜岩层在地质图上是一条与地形等高线斜交的曲线，表现出不同的 V 字形态，称"V 字形法则"。倾斜岩层有三种基本情况，可简记为"反倾宽、缓倾尖、陡倾反"（图 2.4-2）。

产状		平面图	剖面图	说明
水平岩层		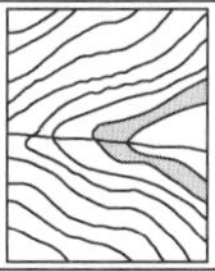	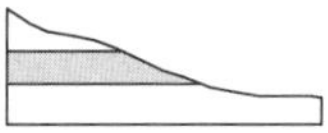	岩层（断层、脉岩等），倾角很小，一般小于5°或近于水平，则岩层（断层、脉岩等）露头线与等高线近于平行
直立岩层		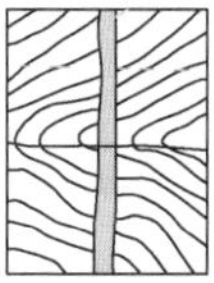	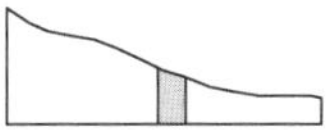	岩层（断层、脉岩等），倾角很小，一般小于5°或近于水平，则岩层（断层、脉岩等）露头线切穿不同等高线
倾斜岩层	反倾宽	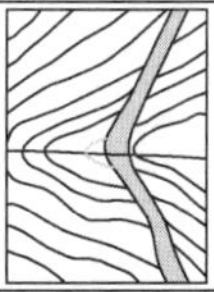	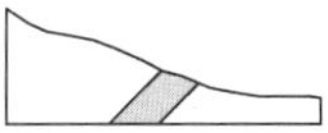	岩层倾向与地面倾向相反时，露头线弯曲方向和等高线弯曲方向相同，露头线弯曲度小于等高线的弯曲度，更和缓
	缓倾尖	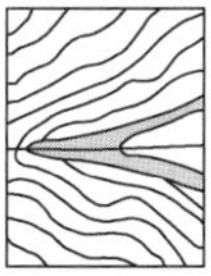	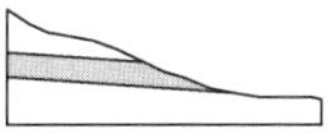	岩层倾角与地面倾角相同，岩层倾角小于地面坡度角时，则其露头线弯曲形状和等高线弯曲形状大致相同，但露头线弯曲度大于等高线弯曲度，更尖窄
	陡倾反	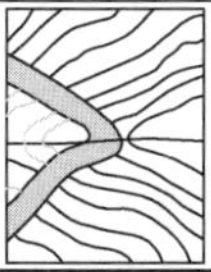	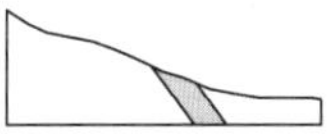	岩层倾向与地面倾向相同，但岩层倾角大于地面坡度角时，则其露头线形状与等高线弯曲形状相反

图 2.4-2　地质图上岩层和等高线的几种基本关系

岩层倾向与地面坡向相反时，岩层界线与地形等高线的弯曲方向相同，但是岩层界线的曲率比地形等高线的曲率要小，V字形尖端在沟谷处指向上坡，而在山梁处指向下坡（反倾宽）。岩层倾向与地面坡向相同时，又有两种情况：岩层倾角小于地面坡度角时，岩层界线与地形等高线的弯曲方向相同，但是岩层界线的曲率比地形等高线的曲率要大（缓倾尖）；岩层的倾角大于地面坡度角时，岩层露头界线与地形等高线呈相反方向弯曲（陡倾反）。

V字形法则还适用于其他面状构造，包括断层面、不整合面和岩体与围岩接触面等。

4. 地质图上地层的接触关系

地质图还能反映地层的空间接触关系和组合形式。

（1）整合接触：在地质图上，各时代地层连续无缺失，地质界线彼此大致平行并呈带状分布。

（2）平行不整合：两套地层的界线基本平行，倾向、倾角相同，但不整合面上下地层之间缺失某些年代的地层。

（3）角度不整合：两套地层产状不同，并有地层缺失。较新地层掩盖住较老地层的界线，同一时代新地层与不整合面以下不同时代老地层接触，不整合界线与下伏岩层界线成角度相交，而与上覆岩层界线基本平行。

（4）褶皱：主要根据地层的对称重复分布来判断褶皱构造。背斜的核部地层时代较早，两翼依次出现较新地层，向斜则相反。褶皱形成时代介于参与褶皱的最新地层与最老地层时代之间。

（5）断层：通常地质图上用符号表示出断层的产状要素和断层类型，或标示出断层线。根据断层面的倾向、倾角，判断断层两盘相对位移方向和断层性质，确定断层形成的时代。

5. 岩层图切剖面的绘制方法及步骤

地质剖面图（图2.4-3）是认识区域地层关系最重要的方法之一。

（1）选择剖面位置。剖面图尽量垂直于区内地层走向、通过地层出露较全和图区主要构造部位，或者选在阅读地质图需要作剖面的地方。选定后，将剖面线标定在地质图上。

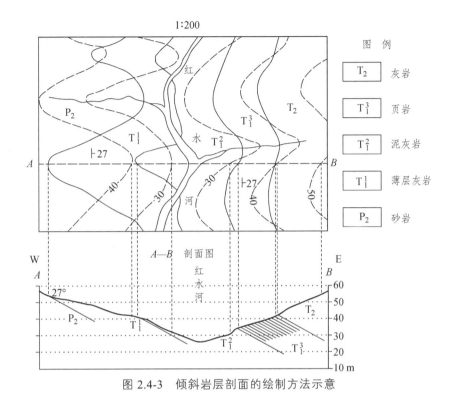

图 2.4-3　倾斜岩层剖面的绘制方法示意

（2）绘制地形剖面。在方格纸上定出剖面基线，两端画上垂直线条比例尺，并注明标高。基线标高一般比剖面所过最低等高线高度要低 1～1.5 cm。然后将地质图上的剖面线与地形等高线相交各点依次投影到相应标高的位置，按实际地形用曲线连接相邻点即得地形剖面。

（3）绘制地质剖面。将地质图上的剖面线与地质界线（地层界线、不整合线、断层线等）的交点投影到地形剖面曲线上，按各点附近的地层倾向和倾角绘出分层界线。如剖面与走向斜交时，则应按剖面方向的视倾角绘出分界线。

（4）按岩性绘出各层岩性花纹（参照附录 2），并注明各岩层的地层代号。

（5）整饰。按地质剖面图格式要求进行整饰。

6. 倾角的计算原理

在较大比例尺地质图上，能够依据构造线和等高线之间的关系，计算出岩层或其他构造层的倾角。图 2.4-4 中地层 C_1 和 D 界线分别与 600 m 和 500 m 等高线（分别代表它们高度的水平面）在山谷处相交，分别连接得到直线 AB、MN。若岩层产状在局部范围内稳定，则两线大致平行。ABMN 所在的平面即为岩层层面。因此，过 M 作 AB 垂线相交于 O，由于 OM 位于层面上，那么 OM 图上的长度通过比例尺换算后的水平距离与 AB、MN 的垂直高差（这里为 100 m），构成直角三角的两直角边，经反正切三角函数换算，可得到岩层层面与水平面的夹角，即岩层倾角。

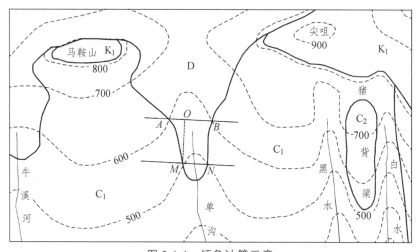

图 2.4-4　倾角计算示意

2.5　区域构造简史与地质图综合分析示例

各种地质构造在形成、发展上有相互联系。想要全面、正确地认识一个地区的地质构造特征，目光不能局限于个别地质构造，应当了解构造间的相互联系和发展演化，将一定区域内所有的地质构造作为一个整体，分析它们形态和成因上的关系，了解它们在空间上的展布规律和在时间上的演化规律。

正确分析一个地区的地质构造，要有足够的实际资料，除进行野外实地观察之外，还要收集已有的各种地质图件和文字资料。

1. 综合分析顺序

首先，从地层剖面上，了解各时代地层的岩性和岩相特征、岩层厚度及其横向变化，大致恢复各时代的古地理环境，探索古构造对古地理的控制。

其次，按照柱状图和图幅内重点区域上各地层的接触关系、变形和变质程度，划分构造层，确定所经历的构造旋回；然后，以构造层为单位，逐层分析各种地质构造的形态特征、叠加和演变情况，岩浆侵入的方式、时代和部位，各种地质构造的空间组合和展布规律，从而确定各构造旋回期内地壳运动的主要方式和方向。

最后，综合前述各项分析成果，说明研究区地质构造的发展历史，总结地质构造总的特点和规律及其对矿产的形成和赋存的控制作用。

2. 构造发展简史

（1）根据角度不整合划分构造层，然后对不同的构造层分别论述其构造特点。

（2）从褶皱、断层的产状、形成时代和配套关系等方面分析构造特点，分析构造活动的期次。

（3）把岩浆活动与褶皱、断层等分析出来的构造活动进行配套分析。

在这个过程中应该尽可能少地划分构造期次，因为后期的构造变形往往会改造前期的构造变形，构造变形的期次越多，则早期构造变形保存下来的可能性就越小。

3. 区域构造简史与综合分析示例

下面以金山镇地质图（图 2.5-1、图 2.5-2）为例，说明分析方法。

（1）构造层划分。

本区以下白垩统底面的角度不整合为界，分为两大构造层。上构造层由下白垩统和上白垩统组成，上构造层地层倾角平缓，基本属于水平地层。

下构造层由中泥盆统至上三叠统组成，其内部缺失下三叠统，上二叠统与中三叠统之间呈平行不整合接触。层内发育 NE 向褶皱，奇峰—雨峰、诸岭和河北村一带均是呈 NE 向延伸的大型背斜，在背斜之间发育向斜。根据这些褶皱的地层出露情况，褶皱发生于晚三叠世之后、早白垩世之前。由于图区缺失侏罗纪地层，推测这些褶皱应该形成于晚三叠世末的 NW-SE 向挤压活动。

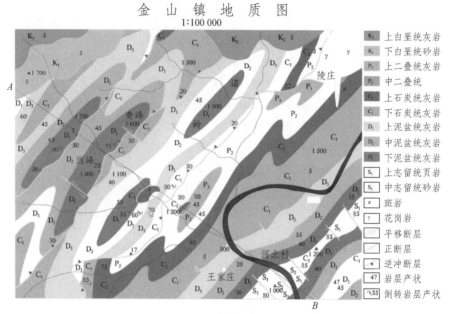

图 2.5-1　金山镇地质图

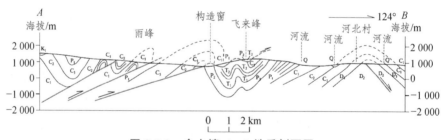

图 2.5-2　金山镇 A—B 地质剖面图

下构造层内发育 NE 走向的逆断层，断面向 NW 方向倾斜，断面倾角 17°～32°，反映逆断层形成于从 NW 向 SE 方向的挤压活动。根据被截切的地层关系分析，逆断层形成于晚三叠世之后、早白垩世之前。可以推测它们均是在晚三叠世末从 NW 向 SE 方向的挤压过程中形成。同期还发育了 NW-SE 走向平移断层。在东南河北村一带，在下构造层中还发育 NW-SE 走向的多条正断层，它们组合成为地堑-地垒式构造。

岩浆岩表现为东北陵庄一带出露的花岗岩和斑岩岩脉。花岗岩侵入于中二叠统和中—上三叠统之中，同时又被逆断层覆盖，反映花岗岩形成于晚三叠世地层沉积的后期。在花岗岩浆活动的晚期又出现了斑岩岩脉。

（2）构造演化史。

从中泥盆世到晚二叠世，该区域持续沉降，形成了大量的砂岩、页岩和灰岩地层。晚二叠世晚期本区抬升，导致下三叠统缺失沉积。中三叠世初本区又开始沉降，接受了中一上三叠统泥灰岩和灰岩地层。在晚三叠世晚期，本区受到比较强烈的伸展作用，东北部陵庄一带发育花岗岩侵入体和斑岩岩脉。晚三叠世末，本区受到从 NW 向 SE 方向的强烈挤压，在中泥盆统一上三叠统中形成了 NE 走向的褶皱、逆断层和 NW-SE 走向的小规模平移断层，同时导致地壳隆升并遭受剥蚀，导致区域内缺失侏罗系。后来的风化剥蚀作用在雨峰与王家庄之间的逆断层上盘分别形成了一个飞来峰和一个构造窗。早白垩世初，本区的构造活动趋于平静，北部沉降并接受了下白垩统和下白垩统砂岩沉积，东南角河北村一带因为伸展作用而发育 NW-SE 向的正断层。

3

野外线路布设与记录

3.1　地质地貌野外线路布设

野外实践，尤其是基于项目任务导向的野外地质地貌工作（如区域填图），在工作展开前常安排一定程度的踏勘，对区域总体情况进行预研，需要对工作线路进行规划，提前布设工作线路，以便后期尽可能提高野外工作效率。实习中，尽量使线路布设能够串接各观察点，能够穿越区域内典型的地质地貌类型。

布设线路的依据：

（1）实习目的。实习必须反映地质地貌学科的基本内容，要能提升学生野外工作能力。

（2）区域特点。有典型、较为集中的地质地貌现象，现场能够容纳实习人数、交通方便。

（3）经费支持。经费预算能够支撑实习过程，时间上避开过热过冷等不利天气，住宿便利。

（4）教学基础。与当前理论教学的内容相一致，有教师团队，便于建设实践基地。

野外线路上的工作往往还担负实测地质剖面和地质填图两个方面的任务。

1. 线路布设

（1）收集前期资料。尽可能收集工作区的必需资料，包括航空照片、卫星照片、地形图（比例尺按工作需要而定）以及不同范围（大区域和研究区）的地质图件和说明书。了解工作区的交通、地理、地貌概况及工作程度，熟悉区域地质背景、区内出露主要地质体总体特征，了解区域地层、层序、分布及其基本构造面貌的现状。

（2）路线选择。路线布置应尽量垂直地层走向或主构造线。踏勘的目的性、综合性很强，路线要求尽可能选择在露头连续、地层发育较全、接触关系清楚、构造比较简单的区段，同时兼顾交通方便等实际问题。路线的多少则视地层出露、构造复杂程度、研究区范围大小而定（图 3.1-1）。填绘地质图主要有穿越法和追索法两种基本方法。

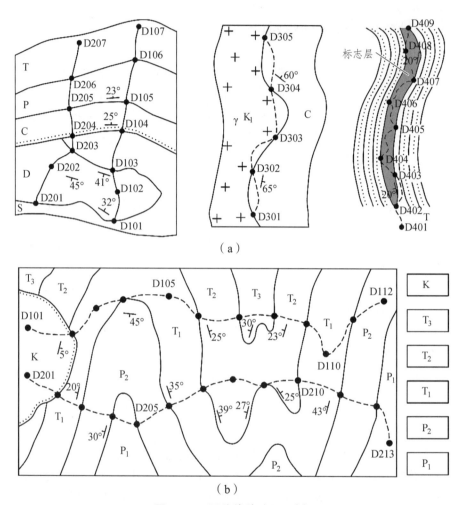

图 3.1-1　野外线路选取示例

① 穿越法：垂直或大角度斜交地层走向（或构造线方向）布置观察路线进行地质观察和填绘地质图的方法。穿越法适用于下列情况：第一，露头好，岩性、厚度变化不大，地层分界清楚；第二，构造相对较简单；第三，地形平缓，且沟谷、水系多垂直或斜交地层走向分布。穿越法的优点在于可以很快地了解岩层的厚度、地层剖面及纵向变化［图 3.1-1（a）］。

② 追索法：在绘制不同时代地层的地质界线时，沿地层走向，或者为了解决某一地质问题（如断层），而沿着一特定方向进行地质观察来填绘

地质图的方法。追索法适用于下列情况：第一，地层岩性、厚度变化大，只有在追索过程中才能准确地了解其横向变化，掌握地质界线的延伸和分布；第二，地质界线不明显，一定要经过追索才能填绘；第三，构造复杂、断裂发育地区，为了更好地填绘出断层线而采用追索法；第四，山脊、沟谷、水系平行于地层走向分布，地形条件有利于追索［图3.1-1（b）］。

（3）踏勘方法。踏勘是以路线地质综合观察为主要手段，同时做好观察记录，绘制路线地质图和信手剖面图，以便进行不同踏勘路线的对比、分析和筛选标准剖面。踏勘过程中需适当采集岩石样品和化石标本，并在地形图上标定准确采样位置。

2. 观测点选取

确定野外线路后，需要合理确定沿线的观测点。实习观测点的布置要求目的明确，密度合理，以能有效控制测区范围内的各种地质界线和地质要素的空间展布为原则，间距合理，切忌均匀布点（图3.1-1）。

因此，从专业内容上来讲，观测点可布置在以下地点：

（1）区内典型地层界线、标志层、化石点、岩性或岩相发生明显变化的位置；

（2）地层厚度变化较大处；

（3）岩浆岩的接触带和内部相的界线；

（4）褶皱轴部或翼部、断层破碎带；

（5）节理测量或统计点；

（6）代表性产状要素测量点；

（7）典型露头、地下水露头（井、泉）取样点、山地工程及钻孔孔位；

（8）地质灾害现象（如滑坡、崩塌、喀斯特、冲沟、泥石流等）分布地段；

（9）不同地貌单元及次一级微地貌的界线。

观测点的类型分为地层分界点、岩性控制点、构造观测点等基本类型。

3.2 选择露头

每个观测点上，具体工作都在露头上展开。寻找露头的目的是在地表工作时尽量减少风化和植被的影响，让岩层和构造更接近基岩的真实状态和代表典型特征，同时也要有利于观测活动。

1. 露头的定义

出露于地表的岩石叫作露头（Outcrop），它是地质野外考察的基本素材和主要依据，是了解基岩的最佳地点。基岩是比近代的冲积层和堆积物老一些的固结岩石，岩石的完整程度高，基本没有受到地表风化作用。有土壤、植被或沉积物的地方，要经过挖掘去除风化壳才能看到露头。

高危边坡下的岩层露头，必须先查看岩体或土体的稳定性，确保安全；提防上坡有物坠落，注意踩踏牢固、安稳，敲击岩块时先轻后重，注意观察变化，防止敲打岩层时岩土垮塌崩落。

2. 露头的选择

露头有天然露头和人工露头。天然露头常见于河流和峡谷两岸、海洋和湖泊沿岸，以及山顶、山脊和山坡上。夏季雨后崩塌、滑坡或地震后常见下伏岩层的露头。人工露头是经过人的各种活动以后而出露的岩石。沿公路、铁路、水渠等开掘施工的两侧，以及开采场地、建筑地基的坡、沟（坑）中，能看到清晰的露头，延伸很长的距离。在水井、洼坑、竖井和山地坑道中也能见到岩石露头（图 3.2-1）。人工露头表面容易风化，迅速覆盖上植被或酥解。

图 3.2-1　开采场附近的露头

在拟定观测的地方没有岩石露头，可简单地挖掘小坑、探槽、浅井和浅坑，然后根据人工露头来研究在地表附近产出的岩石。当然，在被很厚的浮土层覆盖的地区，必须打钻孔取样，才能对下伏的基岩进行研究。地质地貌野外实习，通常直接观察和研究出露广泛的天然露头和利用已有的人工露头。

3. 露头的观测

几乎所有的问题都需要在露头上得到解决。观察要尽可能客观，并按顺序开展。

（1）观察露头的整体特点，确定主要地质体类型。对于较大的露头，要多走几次，并从远、近距离观察。查看露头是否单一或集合地质体构成，断层接触、侵入接触或者不整合情况，露头的开始和结束位置，渐变为土壤或被地表沉积物覆盖情况。

（2）从一定距离研究露头，确定地质体的形态（如板状、透镜状或其他特殊形状），确定它们的延伸方向和尺寸。

（3）寻找不同地质体间的界线，查看是连续过渡的还是剧变关系。

（4）敲开岩石表面，选取样品，利用放大镜仔细观察风化以及新鲜表面。鉴别矿物成分和岩石颗粒，注意颗粒的大小、形状和表明特征，以及结构和岩石及沉积物中的孔隙特征。

（5）观察岩石的原始结构和构造。利用构造特征确定沉积岩或者火山岩的顶部底部，注意接触关系是否按层序地层分布。

（6）找寻能够指示沉积时古流向和岩浆流动的标志特征，利用罗盘测量，判定它们是否一致。

（7）观察变形特征，注意裂隙和节理的方向，确定岩层是否发生褶皱或叶理、解理或者线理等。观察可能存在不同尺度的断层，注意岩层是否沿断层发育断层泥和断层角砾，是否有指示断层位移的标志，分析断层形成的时代。

（8）系统测量并记录岩层厚度、原始构造的产状、次生构造产状，包括褶皱和断层。

（9）采集岩石样品，确认没有遗漏重要线索，尤其是能够指示岩石相对形成年龄的标志。

露头调查后，尽量当场查看记录并讨论，初步解释岩石和构造及其成因，以便现场检验。在露头上要完成目标内容观察、记录、判定，并形成初步解释，为了建立最合理的解释，由每一种解释预测的附加关系要在露头范围内仔细寻找。

3.3　岩石、化石标本采集

标本采集要有代表性，基本上能够达到室内看过标本，如同到野外工作见到的岩石和分布状况的效果。所以对不同地层、岩性和岩相带、变质带和构造带等要分别采集。

1. 手标本采集

地质标本同描述地质现象的文字、图件一样，也是不可缺少的重要地质资料。有了一定类型和数量的标本，便于了解岩石性质、结构、构造及变化。岩石标本使用完后应归类存放到标本实验室。

（1）野外标本采集。

通常采集的是地层标本和岩石标本，也有化石标本、矿石标本及专用标本（如供薄片鉴定，同位素年龄测定，光谱分析、化学分析和构造定向用标本）。

采集前要先查看采集点之上有无危石，是否会因敲打震动而下坠，确保安全。一般在采石场、矸石堆、矿坑等人工开采地点或有利的自然露头上采集，并现场加工。应在新鲜面而不是风化层上采集标本。采集晶形完整或脆弱易碎的矿物标本时，应格外小心。

（2）手标本的规格。

手标本的大小、形态一般是长方体，规格为 3 cm×6 cm×9 cm 或 2 cm×6 cm×12 cm（图 3.3-1）。有陈列价值的典型标本，依据矿物晶体、构造展布等情况，可大于上述规格。采集时最好用带尖的钢凿沿标本周边慢慢凿取，以免损坏。采集时通常打得比陈列尺寸大，然后把标本拿在手中，用地质锤的扁头修去棱角和多余部分。

（3）标本编号包装。

标本采集后要立即编号。用油漆或记号笔写在标本的边角上，并在剖面图或平面图上用相应的符号标出标本采集位置和编号，用登记簿记录，填写标签并包装。

图 3.3-1　手标本尺寸示意

标本要分别包装和编号，不能混淆。为防止携带中挤碎，标本应用软纸包好，脆弱易碎的晶体用棉花包裹，或多包几层软纸。

（4）室内标本制作。

如在室内从岩块上制作岩石标本，能充分利用锤凿钎钉钻、盐酸、滴管、刷子、砂轮、显微镜、放大镜、岩石标本盒等制作条件。

室内制作时，先清理完岩石表面的附着物和风化物，把岩石敲成小块制成标本，贴上标签，标明名称，再把标本装进盒子。

贴标签要及时，以防贴错、贴乱。标本上的水干后再放入标本盒。标本盒通常是高 4~5 cm 的木盒，内部用硬卡纸分隔成 5 cm × 5 cm 左右的方格。

2. 化石标本采集

寻找化石要具备一定的生物和地理知识，尤其是古生物常识。

化石标本很珍贵，采集难度大于其他标本。野外采集一定要准确、细心。发现化石后，不要急于挖出标本，要使化石充分暴露，最好拍完照片或做好素描后，才决定采集和运输办法。

（1）化石赋存条件。

化石一般分布在地质历史上生物种类繁盛而地质沉积作用强烈的地区。例如，我国甘肃东部、陕西、河南西部、山西西北部等地，含大量哺乳动物化石。古生物化石常形成于沉积岩中，因此主要在灰岩、页岩、砂岩、砾岩等沉积岩中重点寻找。例如，泥质页岩、泥灰岩、泥质砂岩、石灰岩、火山凝灰岩、硅质凝灰岩和炭质凝灰岩中能发现由炭质薄片或完全由印痕组成的叶片状植物化石。化石易出露于冲沟、河床、风蚀地等处。

洞穴也是寻找化石的好地点，洞穴是动物出入和古人类活动的场所，常有丰富的化石堆积（图 3.3-2）。

采集地点：紫坪埔

图 3.3-2　在露头上发现的蟒化石和在河漫滩上挖掘出的乌木化石

（2）逐层采集编号。

化石采集要逐层地进行，不能将两个层或几个层的化石混淆，每层化石都要分别包装和编号。

一般用地质锤（含长短把）、尖嘴镐、工兵铲、小尖铲子、大小錾子、牙科刮刀、刷子等工具，在围岩中开采出完整的化石为宜。

（3）判定化石意义。

动植物的残骸在地层中比较罕见，化石更为珍贵。在不破坏整体情况下，大型脊椎动物化石一般先取最有价值的部分，并准确记录发现地点，待后续充分准备后再完整采集。不要因重量的关系，随意放弃大块有价值的标本（如菊石类、动物的巨大骨骼等）。对于标本中的相似部分，不要轻易扔掉，等到在室内进行仔细的处理后再定。

（4）化石现场修理。

最好不在露头附近采集化石的地点处理化石，防止仓促处理造成破坏。在确保化石完整的情况下，可适当修理化石标本周边的岩块，以适当减轻重量。

适当保留部分围岩的原始特征，以反映化石的生成环境。

（5）化石包裹装箱。

疏松的化石要浇上特制的树胶，一层一层地慢慢涂抹，掉下来的化石部分要用胶水粘上。在疏松的风化产物中采集化石时，最好用筛子去除杂物。植物印痕化石岩块要用棉花裹好，分别包起来。可以将两个带一反一正印痕的相同光滑片垫好棉花后用纸包在一起。细弱的标本要事先用棉花裹好，再用纸包装，并在纸上编号。包裹编号后的化石放在有松软填充物的木箱内，放置时要安全稳固、编号朝外，防止挤压以便运输。

3.4　野外地质地貌记录

地质地貌野外工作需要记录观察内容、测量数据并绘制草图、素描，作为第一手资料保存，以便室内综合分析。简单景观或地点记录可使用手机拍摄，描述化石或岩石结构构造等可使用照相机等器材，使成像更清晰。

文字和手绘记录是必不可少的，它可以让后期整理成果时能够回溯野外的原始信息。

1. 笔记格式

野外笔记以专用硬皮记录本为宜，便于书写，左面米格纸用于绘图，右面用于文字描述（图 3.4-1、图 3.4-2）。

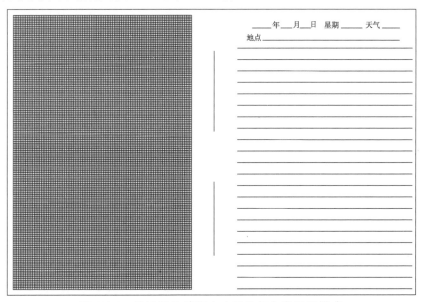

图 3.4-1　地质野外笔记本内图件与文字记录样式

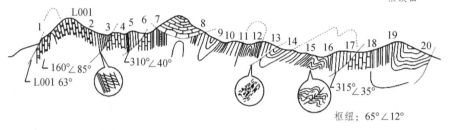

××地区老君山——蒸馍山路线地质剖面图   1988.5.12

野外填图记录

日期：1988年5月12日　星期三　晴天多云

地点：陕西省××县老君山地区

路线：老君山—蒸馍山路线（路线1）

任务：古生界地层及其构造特征观察

点号：No1

点位：距老君山150米山坡处方位160°

点性：断层点、地层分界点

观察内容：

　　该点处可见一宽约5米左右的断层角砾岩带，带内角砾大小混杂；棱角明显，无定向，角砾主要为白云质灰岩，并披紫红色泥；钙质胶结。（照片No01）。

　　断层带产状：290°∠63°。

　　断层北西侧为第四系砂砾岩，产状不易观察。

　　断层南东侧为寒武系白云质灰岩，产状160°∠85°（倒转）。

　　该断层第四纪未活动，应是第四系沉积之前的正断层。

　　本点南东60米处，可见白云质灰岩组成的近直立紧闭的背斜，轴面产状近直立，枢纽水平。

　　点1至2之间，均露出白云质灰岩，距点2约50米处采岩石标本一块（L001）。

点号：No2

图3.4-2　地质野外笔记本内图件与文字记录示例

　　这样的设计是为了减少尺规的使用、在野外成图方便，同时将剖面等图件表达得更准确和清晰，因为只要依据实际地质体或地貌单元确定了比例尺，就能迅速在米格纸的毫米和厘米格网上定点、定方向和确定基本方向上的长度。

2. 笔记内容

　　手绘剖面依据实测内容，文字记录内容围绕观察和剖面展开，包括：

　　（1）观察点的位置（经纬度、海拔及相对位置、行政区划位置）、时间、天气、路线。

　　（2）依据线路布设编排的点位、点号。

　　（3）计划的工作目标。

　　（4）岩性详细描述，主要地层，地貌的类型及组合。

　　（5）构造及主要构造的层次、展布、相互关系。

　　（6）发现、推断及讨论的主要内容。

4

岩石

4.1 基本矿物的观察与描述

矿物是岩石判定的基础，野外条件有限，矿物鉴定时要注意不能在风化面或遭受过风化的标本上进行，要在露头上新制作的标本上鉴定。同时，矿物光泽、颜色等对浸水的表现有区别，可在标本表面上浇水增大矿物间的区分度。

1. 矿物野外鉴定方法

鉴定矿物的方法很多，有肉眼鉴定（野外鉴定）、化学分析、物理方法等。其中，肉眼鉴定仍然是野外工作的基础。

肉眼鉴定借助于放大镜和一些简单工具（如小刀、瓷板、磁铁、稀盐酸等），通过对矿物的形态（单体和集合体）以及颜色、条痕、光泽、硬度、解理、比重等物理特性进行综合观察，并根据这些特征判定矿物类型。

矿物用来与其他矿物相区别的典型形态和物理特征称为该矿物的鉴定特征。例如，花岗岩中的黑云母，呈片状或鳞片状，具有一向极完全解理，硬度小于小刀，以此可区别于角闪石。矿物的外表特征越明显，鉴定就越准确。在野外鉴定矿物时，一般观察以下特征：

（1）矿物产出岩石及伴生矿物。例如，花岗岩中的主要矿物是浅色的长石（正长石和斜长石）和石英，次要矿物是暗色的黑云母和普通角闪石；又如，方铅矿往往和氟石伴生，铬铁矿和蛇纹石伴生。

（2）矿物外形。例如，黄铁矿就常为立方体（六面体）、八面体和五角十二面体，立方体的晶面上往往带有与棱平行的条纹，各晶面上的条纹互相垂直；方解石通常呈现菱面体或六方柱状形态，具有与单位菱面体平行的三组完全解理，锤击后仍成菱形碎块；石榴子石，晶体发育良好，常呈四角三八面体，外形类似石榴籽。

（3）矿物比重。用右、左两手反复地掂一掂，自然硫、石盐、石膏一类较轻，重晶石、方铅矿、辰砂、黑钨矿等金属矿物较重，石英、长石、萤石为中等比重。

（4）矿物硬度。用指甲（硬度 2.5）、小刀（硬度 5.5）和玻璃片（硬度 7）判定硬度。

（5）矿物光泽。确定它是金属光泽或半金属光泽的矿物，还是玻璃光泽、脂肪光泽、丝绢光泽、珍珠光泽或金刚光泽的矿物。

（6）矿物颜色、条痕。例如，黄铁矿硬度大于小刀，为金属光泽，而且呈浅黄色，条痕黑绿色。硬度小于小刀而大于指甲，玻璃光泽，无色或浅色的矿物很可能是方解石、重晶石、萤石等，而不会是石英、长石（硬度大于小刀），也不会是辉石、角闪石（绿黑色）。

（7）其他物理性质。例如，磁性、发光性或者气味等。

鉴定矿物时，要注意综合一种矿物的特征。对于部分外貌相似容易混淆的矿物，注意它们之间的主要区别。例如，黄铁矿与金的主要区别是条痕和比重；黄铁矿与黄铜矿的主要区别是硬度和晶形；石墨与辉钼矿的主要区别是颜色和条痕，赤铁矿、磁铁矿和褐铁矿三者之间的最主要区别是条痕。

一般具有金属光泽而呈铁黑色的则多为金属氧化物，如磁铁矿等；具有金属光泽而呈铜黄、铅灰等金属色的，则多是金属硫化物类，如黄铜矿、黄铁矿、方铅矿、辉锑矿等；含氧盐类和卤化物类矿物，一般呈玻璃光泽，浅色，透明或半透明；如果硬度大于小刀或近于小刀，可能是硅酸盐类矿物（云母、滑石除外）；如果硬度小于小刀，能与盐酸作用，则应是碳酸盐类矿物，若不与盐酸作用，则可能是硫酸盐、磷酸盐等其他含氧盐类矿物。有这样的总体判定后再缩小鉴定范围，观察其他特征，给矿物准确定名。

肉眼鉴定矿物是有一定限度的，它只能对肉眼可辨颗粒、性质比较明显又容易鉴别的矿物进行鉴定，而那些物理性质及形态相似的矿物种属和颗粒很细的黏土矿物及隐晶质矿物，则超出了肉眼鉴定的能力范围，必须采用其他更详细的方法鉴定和研究。

2. 野外常见基本矿物

对常见的基本矿物，应当十分熟悉它们的物理性质和肉眼鉴定特征。

（1）橄榄石，化学式为$(Mg,Fe)_2[SiO_4]$，晶体扁柱状，在岩石中呈分散颗粒或粒状集合体；颜色为绿色（橄榄绿）、黑色或褐色，透明到半透明，玻璃光泽，多呈粒状；硬度6.5~7，解理中等或不清楚，性脆，比重3.3~3.5；富镁的色浅常带黄色，富铁的色深。橄榄石是组成上地幔的主要矿物，也是陨石和月岩的主要矿物成分，作为主要造岩矿物常见于基性和超基性岩浆岩中。镁橄榄石还产于镁夕卡岩中。橄榄石受热液作用会蚀变变成蛇纹石。鉴定特征：橄榄绿色，玻璃光泽，硬度高。

（2）普通辉石，化学式为$(Ca,Na)(Mg,Fe,Al)[(Si,Al)_2O_6]$，单晶体为短柱状，横切面呈正八边形，集合体为粒状；绿黑色或黑色，条痕浅灰绿色，玻璃光泽，硬度$5.5 \sim 6$；发育平行柱状方向的两组解理，解理夹角为87°，比重$3.23 \sim 3.52$。鉴定特征：绿黑或黑色，近八边形短柱状，解理近直交（表4.1-1）。

表 4.1-1   角闪石和辉石的主要区别

特征	角闪石	辉石
晶体形状	长柱状	短柱状
解理	两组完全	两组中等
劈开角	124°	87°
颜色	黑绿色	黑色、墨绿色
硬度	6.0	$6 \sim 6.5$
分布	中性、基性和超基性岩浆岩	基性、超基性岩浆岩
岩石中的特征	长条状、纤维状、针状	晶粒状

（3）普通角闪石，化学式为$Ca_2Na(Mg,Fe)_4(Al,Fe)[(Si,Al)_4O_{11}]_2[OH]_2$，单晶体较常见，为长柱状，横切面呈六边形，集合体常呈纤维状；绿黑色或黑色，玻璃光泽，近不透明；解理面夹角近于124°和56°，比重$3.1 \sim 3.4$，硬度$5 \sim 6$，两组解理相交呈124°，小刀不易刻划。角闪石是岩浆岩和变质岩的主要造岩矿物。

（4）白云母，化学式为$KAl_2[AlSi_3O_{10}][OH]_2$，单晶体为短柱状及板状，横切面常为六边形，集合体为鳞片状；晶体细微者称为绢云母；薄片为无色透明；珍珠光泽，硬度$2.5 \sim 3$；有平行片状方向的极完全解理，易撕成薄片，具弹性；多见于岩浆岩与石灰岩的接触带。

（5）黑云母，化学式为$K(Mg,Fe)_3[AlSi_3O_{10}][OH]_2$，单晶体为短柱状、板状，横切面常为六边形，集合体为鳞片状；棕褐色、黑绿色或黑色，随铁含量增高而变深；其他光学及力学性质与白云母相似，较白云母易风化分解。

（6）绿帘石，化学式为 $Ca_2(Al,Fe)_3[Si_2O_7][SiO_4]O[OH]$，晶体常伸长成柱状或板状，集合体为粒状或块状；黄绿、暗绿至黑绿色（随含铁多少而变化）；玻璃光泽，硬度 6~6.5；有平行柱状方向的解理，比重 3.25~3.5。

（7）绿泥石，化学式为 $(Mg,Fe)_5Al[AlSi_3O_{10}][OH]_8$，常呈鳞片状集合体；浅绿至深绿色，珍珠或脂肪光泽，透明至半透明；解理面上为珍珠光泽；有平行片状方向的极完全解理，硬度 2~3。

（8）石英，化学式为 SiO_2，常呈单晶和晶簇出现，颜色为灰白色、烟灰色等，多呈粒状或浑圆状，常具油脂光泽，硬度 7，贝壳状断口。

石英晶体属三方晶系的氧化物矿物，即低温石英（α-石英）。广义的石英还包括高温石英（β-石英）。显晶质变种包括水晶（无色透明）、紫水晶、烟水晶（烟黄、烟褐至近于黑色）、黄水晶（浅黄透明）、蔷薇石英（玫瑰红色，俗称芙蓉石）、乳石英（乳白色）、砂金石（含赤铁矿或云母等细鳞片状包裹体而显斑点状闪光，俗称金星玛瑙或东陵石）。隐晶质变种包括石髓（玉髓）、玛瑙、燧石、碧玉等。有一种硬度稍低、具珍珠或蜡状光泽、含有水分的矿物，称蛋白石（$SiO_2 \cdot nH_2O$）。

（9）长石，常见的有正长石和斜长石。正长石因为两组解理成 90°而得名，斜长石则因为两组解理成 86°而得名（表 4.1-2）。长石是地球、月球的岩浆岩和陨石的主要矿物组分，常见于大多数变质岩和沉积岩中。常见的长石几乎都是钾、钠、钙的长石，类质同象替代很发育。

表 4.1-2　主要长石特征对比

特征	正长石	斜长石
两组解理角度	90°	86°
晶体形状	短、粗柱体，粒状	片状、条状或长柱状
颜色	肉红色为主	灰白色为主
光泽	解理面有玻璃光泽	有珍珠或玻璃光泽
硬度	6.0	6~6.5
分布	酸性岩浆岩	基性、中性岩浆岩

（10）正长石，化学式为 $K[AlSi_3O_8]$ 或 $K_2O \cdot Al_2O_3 \cdot 6SiO_2$，钾长石常见的是正长石，单晶体多为柱状或板柱状，在岩石中常为晶形不完全的短

柱状颗粒；常为肉红、浅黄、浅黄白色，玻璃光泽；硬度 6，有两组相互垂直的完全解理，比重 2.56 ~ 2.58。

（11）斜长石，化学式为 $Na(AlSi_3O_8) \sim Ca(Al_2Si_2O_8)$，斜长石有单晶体为板状或板条状；常为白色或灰白色，玻璃光泽，硬度 6 ~ 6.52；有两组完全解理，彼此近于正交；伴生矿物主要是辉石和角闪石；斜长石比正长石容易风化，风化产物主要是黏土矿物，能为土壤提供 K、Na、Ca 等矿物养分。

（12）褐铁矿，化学式为 $FeO(OH) \cdot nH_2O$，主要成分是含水的赤铁矿（$Fe_2O_3 \cdot nH_2O$），并含有泥质及 SiO_2 等；黄褐、黑褐以至黑色，条痕黄褐色（铁锈色），半金属或土状光泽，不透明；硬度 4 ~ 5.5，风化后小于 2，可染手；比重 2.7 ~ 4.3。褐铁矿是氧化条件下极为普通的次生物质，在硫化矿床、氧化带中极为常见，构成"铁帽"，可作为找矿标志。褐铁矿含铁量低，但较易冶炼，还可用作颜料，是黄土中的色素物质。

（13）赤铁矿，化学式为 Fe_2O_3。赤铁矿包括两类：一类为镜铁矿，晶体多为板状、叶片状、鳞片状及块状集合体；钢灰色至铁黑色，条痕樱红色，金属光泽，不透明；硬度 2.5 ~ 6.5，性脆，比重 5.0 ~ 5.3，无磁性。另一类为沉积型赤铁矿，常呈鲕状、肾状、块状或粉末状；暗红色，条痕樱红色，半金属或暗淡光泽，硬度较小；各种内生、外生或变质作用均可生成赤铁矿。

（14）方解石，化学式为 $CaCO_3$，常发育成单晶，或晶簇、粒状、块状、纤维状及钟乳状集合体；因含杂质而常呈白、灰、黄、浅红、蓝等颜色；玻璃光泽，硬度 3；具三个方向斜交的完全解理，易沿解理面分裂；遇冷稀盐酸强烈起泡；海相沉积条件下能形成大量堆积，构成巨厚的石灰岩层，或从矿泉中沉积形成石灰华。方解石在岩浆、热液等内生作用过程中是很常见的矿物，也是组成石灰岩、白云质灰岩和大理岩的主要矿物成分。

（15）白云石，化学式为 $CaMg[CO_3]_2$，通常为块状或粒状集合体；一般为白色，因含铁常呈褐色；玻璃光泽，硬度 3.5 ~ 4；具三个方向斜交的完全解理。白云石以在稀盐酸中反应微弱，以及硬度稍大而与方解石相区别。在湖相沉积物中，白云石与石膏、硬石膏、石盐、钾石盐等共生。热液成因的白云石从热液中直接形成或由含镁的热水溶液交代石灰岩或白云质灰岩形成。

（16）高岭石，化学式为 $Al_4[Si_4O_{10}][OH]_8$ 或 $Al_2O_3 \cdot 2SiO_2 \cdot 2H_2O$，一般呈隐晶质、粉末状、土状；白或浅灰、浅绿、浅红等色，条痕白色，土状光泽；硬度 1~2.5，比重 2.6~2.63；有吸水性（可粘舌），和水有可塑性。高岭石是组成高岭土的主要矿物成分，可通过风化作用、沉积作用和热液蚀变作用形成。高岭土细粒具分散性、可塑性、高黏结力和高耐火度。

（17）铝土矿，化学式为 $Al_2O_3 \cdot nH_2O$，由若干铝的氢氧化物矿物所组成的混合物，多呈致密块状、鲕状、豆状等产出；呈白、灰、黄、褐等颜色，土状光泽，硬度 3 左右，比重 2.5~3.5。铝土矿由其母岩在湿热气候条件下经红土化作用而形成。由岩浆岩或变质岩形成的一般属红土型矿床，以三水铝石为主；由石灰岩或白云岩形成的，则属钙红土型，通常含有相当数量的软水铝石。风化壳铝土矿经剥蚀、搬运，可形成沉积铝土矿。

（18）孔雀石，化学式为 $Cu_2[CO_3][OH]_2$ 或 $CuCO_3 \cdot Cu(OH)_2$，针状或柱状晶体；一般多呈钟乳状、肾状、被膜状或土状等；晶体呈玻璃光泽，半透明，硬度 3.5~4，比重 3.8~4；遇酸起泡，颜色和条痕为翠绿色。

（19）蓝铜矿，化学式为 $Cu_3[CO_3]_2[OH]_2$ 或 $2CuCO_3 \cdot Cu(OH)_2$，蓝铜矿的颜色和条痕为天蓝色。

（20）黄铜矿，化学式为 $CuFeS_2$，完好晶体少见，多呈致密块状或分散粒状；金黄色（表面常有铜锈色），条痕黑（带微绿）色，金属光泽，不透明；硬度 3.5~4，性脆，比重 4.1~4.3。鉴定特征：金黄色，条痕近黑色，硬度中等。

4.2　常见岩石分类

岩石是矿物的天然聚合体，认识岩石应和矿物的鉴定特征相结合。

野外露头上，面对各式各样的岩石，初学者在识别上往往感到无从下手，其实矿物成分、结构和构造始终是肉眼鉴别的主要方法，先分出三大类，再从各类岩石中依据这三个特征和露头上的围岩、产出状态综合判定它们的类型。也就是说，岩石鉴定还应当注意它们的分类体系。

熟悉三类岩石分类标准、基本类型及其代表性岩石（表 4.2-1~4.2-4），是野外岩石鉴定的必备基础。

表 4.2-1　常见岩浆岩分类

岩类 SiO₂含量/%			超基性岩 <45	基性岩 45～52	中性岩 52～65		酸性岩 >65
主要矿物成分	浅色矿物						石英
							钾长石
				富钙斜长石			富钠斜长石
	暗色矿物						黑云母
					角闪石		
				辉石			
			橄榄石				
产状	结构	构造					
喷出岩	玻璃质	气孔、杏仁、流纹、块状	火山玻璃岩（黑曜岩、浮岩等）				
	隐晶、斑状细粒		金伯利岩	玄武岩	安山岩	粗面岩	流纹岩
浅成岩	伟晶、细晶等	块状	各种脉岩类（伟晶岩、细晶岩、煌斑岩等）				
	隐晶、斑状细粒	块状	苦橄玢岩	辉绿岩	闪长玢岩	正长玢岩	花岗斑岩
深成岩	中粒、粗粒似斑状	块状	橄榄岩	辉长岩	闪长岩	正长岩	花岗岩

表 4.2-2　常见沉积岩分类

岩类		沉积物来源	沉积作用	岩石名称
碎屑岩类	沉积碎屑岩亚类	母岩机械破碎碎屑	机械沉积为主	砾岩及角砾岩、砂岩、粉砂岩
		母岩化学分解过程中形成的新生矿物——黏土矿物为主	机械沉积和胶体沉积	泥岩、页岩、黏土
	火山碎屑岩亚类	火山喷发碎屑	机械沉积为主	火山集块岩、火山角砾岩、凝灰岩
化学岩和生物化学岩类		母岩化学分解过程中形成的可溶物质、胶体物质以及生物化学作用产物和生物遗体	化学、胶体化学、生物化学沉淀和生物遗体堆积	铝、铁、锰质岩，硅、磷质岩，碳酸盐岩，蒸发盐岩，可燃有机岩

表 4.2-3　变质岩组构分类

强叶理岩石	弱叶理岩石	无叶理-弱叶理岩石
板岩、千枚岩、片岩	片麻岩、混合岩、糜棱岩	花岗变晶岩、斜长角闪岩、蛇纹岩、绿岩、云英岩、角岩、石英岩、大理岩、泥质板岩、矽卡岩

表 4.2-4　常见变质岩分类

变质作用	结构、构造		岩石名称	主要矿物成分	原岩
区域变质	变余结构板状构造		板岩	黏土矿物、绢云母、绿泥石、石英等	黏土岩、黏土质粉砂岩
	变晶结构千枚状构造		千枚岩	绢云母、石英、绿泥石等	黏土岩、粉砂岩、凝灰岩
	变晶结构片状构造		片岩	云母、滑石、绿泥石、石英等	黏土岩、砂岩、泥灰岩、岩浆岩、凝灰岩
	变晶结构片麻状构造		片麻岩	石英、长石、云母、角闪石等	中、酸性岩浆岩、砂岩、粉砂岩、黏土岩
区域变质接触变质	变晶结构	块状构造	石英岩	石英为主，有时含绢云母等	砂岩、硅质岩
			大理岩	方解石、白云石	石灰岩、白云岩
动力变质	碎裂结构		碎裂岩	原岩岩块	各类岩石
	糜棱结构		糜棱岩	原岩碎屑	各类岩石

4.3　野外岩石的观察与描述

能够肉眼观察和初步鉴定各类岩石，是野外工作的一项基本功。

1. 野外岩石的鉴定思路

肉眼鉴定岩石的第一步，就是要区分它在岩浆岩、沉积岩和变质岩三大类型中属于哪一大类。在野外露头上，先观察岩层、岩体总体特征，再敲手标本，用放大镜进行细致观察。

（1）岩浆岩特征与识别。

重点观察岩石的构造和矿物颗粒，岩浆岩的下列特征非常明显：岩石无明显层状特征，而是多呈现为不规则的岩体、岩块或岩瘤，边缘地带能看见有伸出的岩枝横切沉积岩的层理；往往含有橄榄石、黑云母、角闪石、辉石和斜长石矿物，晶体排列不整齐，或呈现出斑状结构、似斑状结构、伟晶结构、文象结构和细晶结构；有气孔构造、杏仁构造、流纹构造、流线构造、流面构造和带状构造，或者在岩体中发育有冷缩节理（原生柱状节理），或者在岩体中包含有捕房体、析离体、残留体一类包裹体。

（2）沉积岩特征与识别。

层理和碎屑是多数沉积岩的主要特征，沉积岩的下列特征非常明显：岩石常由层层相叠的岩层组成，并且呈现出明显的水平层理、波状层理、斜交层理、交错层理、递变层理或块状层理；含有高岭石等黏土矿物、铁质沉积矿物、白云石、方解石、石膏与硬石膏、磷酸盐矿物和有机物质，或者是由两种以上不同岩性组成的互层或夹层；由破碎或磨圆的颗粒所组成，或者呈现出碎屑结构、泥质结构、鲕状结构、竹叶状结构以及贝壳结构和珊瑚结构，整体上有层状构造；层面上显示波痕、雨痕、干裂和盐的晶体假象，或者在岩石中含有结核。如果发现生物遗体或遗迹一类的化石，这种岩石就几乎肯定是沉积岩。

（3）变质岩特征与识别。

片理、原物定向排列和新生成矿物是变质岩的典型特征，变质岩的下列特征非常明显：含有石榴子石、蓝闪石、金云母、红柱石、阳起石、透闪石、滑石、硅灰石、石墨和蛇纹石等变质系列矿物，或含大量绿泥石、绿帘石、绢云母、刚玉和电气石等矿物；矿物具有片状或显著伸长的形状，晶体常定向或规则排列，呈现出明显的板状、千枚状、片状和片麻状等片理构造；由不同的变晶矿物成分和结构交替而成的条带状构造，且条带界线清楚，并有较好的连续性。

当然，部分变质岩，如石英岩、大理岩和结晶石灰岩及其变种，并不呈片理构造或条带状构造，而是块状构造，但其颗粒和硬度，都比变质前的沉积岩要大，矿物颗粒也没有沉积岩的分选磨圆特征。

2. 岩浆岩野外鉴定

野外观察和鉴定岩浆岩，应参照岩浆岩分类表，从其产状、结构、构造、颜色和矿物成分等方面着手。野外鉴定岩浆岩的顺序：

（1）按矿物颗粒判定生成环境。岩体产状（岩体空间位置、规模大小，与围岩接触关系、构造环境等）。观察岩石的结构和构造，确定出岩石的形成环境。深成岩一般为中、粗粒等粒结构和似斑状结构，块状构造；浅成岩一般是细粒、斑状结构，块状构造；喷出岩一般是隐晶质、玻璃质、斑状结构及气孔、杏仁、流纹状构造。浅成岩和喷出岩的斑状结构的不同之点在于：浅成岩的斑晶为中粗、粗粒的矿物，基质为细粒矿物；喷出岩的斑晶为细粒矿物，基质多为隐晶质或玻璃质。

（2）按颜色和矿物区分亚类。一般黑色、绿黑色、暗绿色等深色（色率 90～100）岩浆岩出现橄榄石和辉石时，为超基性岩类；灰黑色、灰绿色等深中色（色率 50～90）岩浆岩出现辉石和斜长石时，为基性岩类；灰色、灰白色等中色（色率 30～50）岩浆岩出现角闪石和斜长石时，为中性岩类；肉红色、淡红色、白色等浅色（色率 0～10）岩浆岩出现石英、钾长石和黑云母时，为酸性岩类；浅色（色率 10～20）岩浆岩出现钾长石（正长石）、斜长石或霞石，不含石英时，为碱性岩类。

（3）按矿物主要次要成分定名。根据造岩时主要矿物和次要矿物定名（表 4.2-1）。首先要找出主要矿物，特别是指示性矿物（石英和橄榄石），然后再观察长石矿物和暗色矿物。若出现大量橄榄石就属于超基性岩，出现大量石英就是酸性岩，两者都无则为中性岩。查看长石类矿物时，如果不含长石，应为超基性岩，相应还有深色岩特征；若以正长石为主，同时又多含石英的，则属于酸性岩类；斜长石为主的情况下，若暗色矿物含量多，且以辉石为主的，则属于基性岩类，暗色矿物含量少，且以角闪石为主的，则应属中性。喷出岩中，基质的矿物成分很不容易用肉眼鉴定，如其中存在斑晶，应仔细观察斑晶的矿物成分。

3. 沉积岩野外鉴定

沉积岩的种类较多，岩性变化也较大，要根据层理（层状）构造，再分析沉积岩的成因、矿物成分和结构，区分出沉积岩类的各种岩石（表 4.2-2）。

（1）碎屑岩。依照碎屑的颗粒大小分为砾岩（碎屑直径 >2 mm）、砂岩

（0.05~2 mm）和粉砂岩（0.005~0.05 mm）。砂岩中主要矿物成分是石英、长石和一些岩屑，依照它们的含量不同，可分为石英砂岩（含有 90%以上的石英碎屑）、长石砂岩（碎屑中石英含量小于 60%，长石含量一般在 30%以上）、长石石英砂岩（碎屑中石英含量在 60%~90%之间，长石含量在 10%~30%之间）等。若肉眼看不清颗粒，但用手抚摸有砂感，则可能是粉砂岩。

钙质胶结物滴稀盐酸起泡，硅质胶结物小刀刻不动，铁质胶结物为红色、褐红色、黄色等，泥质胶结物较疏松。

（2）黏土岩。黏土岩粒很小，多具滑感，粘舌，有可塑性等。黏土一般为疏松状岩石，质纯者细腻质软，颜色以浅淡为主；泥岩是一种厚层状、致密和固结程度较高的黏土岩，不具页理，遇水不易变软，可塑性差；页岩是黏土岩类中固结很紧的岩石，其特点是具有平行分裂的薄层状构造，称为页理（图 4.3-1）。页岩是黏土岩中分布最广的一类岩石，致密、硬度低、不透水，表面光泽黯淡。

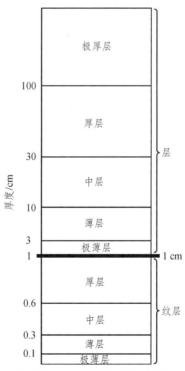

图 4.3-1 沉积岩的厚度划分

（3）化学岩及生物化学岩。以有无生物遗骸来确定是否是生物化学岩。碳酸盐类岩石种类多，主要有石灰岩、白云岩、硅质灰岩、泥灰岩等，常以稀盐酸反应来区分。石灰岩滴稀盐酸强烈起泡，白云质灰岩徐徐起泡，灰质白云岩微微起泡；白云岩滴稀盐酸微弱起泡，成粉末后，滴稀盐酸起泡；泥灰岩强烈起泡，加稀盐酸后岩石表面上有泥质圈。

4. 变质岩野外鉴定

变质岩的野外鉴定方法主要根据变余变晶结构、片理等构造和矿物成分。

（1）结构构造。区域变质岩中具板状构造的称板岩，具千枚状构造的称千枚岩，具片状构造的称片岩，具片麻构造的称片麻岩，具块状构造、角岩结构的属接触变质的角岩，具块状构造、粒状变晶结构的属接触变质或区域变质的大理岩（滴稀盐酸起泡）、石英岩（小刀刻不动）。再如，具碎裂结构，依破碎情况不同，可分别区别出动力变质岩的构造角砾岩、碎裂岩、糜棱岩等（表4.2-3）。

（2）矿物成分含量和变质岩特征矿物。以浅色矿物为主，浅色矿物中石英较多含长石较少或不含长石，常为片岩，如石英片岩、云母片岩、滑石片岩、绿泥石片岩等；以暗色矿物为主，且长石含量较多，常为片麻岩，如黑云母钾长片麻岩、黑云母片麻岩等（表4.2-4）。

变质岩中最常见的特征矿物有石榴子石、蓝闪石、绢云母、绿泥石、红柱石、阳起石、透闪石、滑石、硅灰石、石墨、蛇纹石以及十字石、硅线石、透辉石、蓝晶石等。在命名时，按由少到多的顺序列在岩石名称之前。

5

地质构造

5.1 野外地质构造的观察与描述方法

从形态上容易看出岩层的水平或倾斜状态，但它的空间展布是局部的还是整体的，层次和尺度如何，观察时就要留意了。而且，在有植被、庄稼、房舍以及较厚的堆积物等遮挡、覆盖下，是一个构造还是分开的多个，用罗盘等器材的实测更加可信。例如，在单斜岩层弯道的露头上，仅凭肉眼容易产生是褶皱的错觉。

一般要顺着构造追溯一段距离，还要认真分清一套地层的顶面和底面，综合地貌、地表堆积等现象判定构造的类型和性质。在有沟道的地方，尤其要注意产状是否出现新的变化。

1. 褶皱的野外识别

褶皱是层状岩石在地应力作用下发生弯曲变形而形成的塑性变形构造，分布广泛。褶皱是一种具有连续性、方向性的地质构造，通常成群发育，顺或逆着倾向方向，地层重复出现，倾角有规律变化（图 5.1-1）。观察和描述褶皱，应揭示它的形态类型、地层、展布规模和成因。

构造简单的地区褶皱容易识别。但强烈变形的变质岩地区，野外容易把一套发育众多同斜褶皱的岩系误认为单斜岩层，导致岩系的厚度被误判夸大。初学者还容易把道路或山体转折端的单斜岩层误认为是褶皱。

褶皱的重要特点是同一岩层在空间中对称展现。观察的要点：

（1）选取剖面露头，确定岩层的新老层序，判别岩层的正常和倒转分布情况。

（2）根据时代关系或岩性组合（或标志层）有规律地对称重复出现，确定背斜和向斜。

（3）尽量从标志层的分布来判定褶皱转折端。转折端处的岩层分布是正常的，转折端的倾向及倾角即大致相当于褶皱枢纽的倾状方向及倾状角。

用罗盘测量产状时，如枢纽和轴面为曲线或曲面，则应测量多处代表性区段的产状来说明两者的变化。

（4）追索褶皱上标志层或类标志层（硅质岩、大理岩等）在空间分布的形态，有助于了解区域构造的形式、幅度和时代。

地质构造形成初期,通常向斜成谷背斜成山。但野外常发育背斜成谷、向斜成山的地形倒置现象。这是因为褶皱形成后在长期的风化剥蚀等外动力作用下,背斜轴部由于张裂隙发育、易剥蚀,并逐渐低凹成谷;而向斜轴部岩石受挤压力,相对不易风化剥蚀而成山。因此野外绝不能只根据地形确定褶皱,要仔细观察。

图 5.1-1 褶皱反映挤压的方向(标记线条反映构造的延伸方向)

一般用剖面来描绘褶皱,剖面选择正交于枢纽的切面。主要用枢纽、轴面、转折端等剖面形态要素来说明,出现倾伏、平卧、倒转或复式褶皱时,要一并表示出来。褶皱形成受力状态、变形环境和岩层的变形行为密切相关。主要根据地层间的角度不整合来确定褶皱的形成时代。不整合面以下褶皱岩层最新地层的时代之后与不整合面之上最老的地层时代之前,为褶皱的形成时代。

2. 断层的野外识别

断层是构造运动的重要标志。野外主要查找断层面,用断层面的产状来代表断层,用两侧岩层的分布情况来判断断层的活动性质(图5.1-2)。

多数断层因其断面附近岩石破碎,易风化、剥蚀,往往被沉积物覆盖,所以露头不好。观察时要仔细查找辨别。常依据以下特征观察断层及其活动形式:

（1）地层重复、缺失或中断。断层能够破坏地层层序，造成地面上某些地层沿走向突然中断、重复或缺失。重复和缺失的表现，与断层性质、断面及岩层产状有关。

（2）节理密集。断层面是较大的破裂面，形成同时伴生有许多小破裂面，即节理。节理方向常与断层方向大致平行。

（3）擦痕和镜面。擦痕为断面上平行而密集的沟纹，镜面是断面上局部平滑光亮的面，阶步是擦痕及镜面末端常出现平行分布的"坎"。这些是两侧岩层（块）相对滑动在断面上留下的痕迹，可据此推测两盘相对运动方向。

（4）牵引（拖曳）褶皱。两侧岩层相对位移时，受摩擦阻力影响在断层面附近出现的局部弯曲。牵引褶皱可指示岩盘相对位移方向。

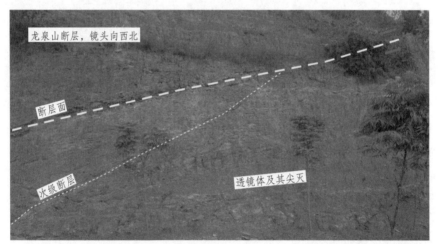

图 5.1-2　断层面两侧的岩层可能差异比较明显（断层方向未表示）

（5）角砾岩及糜棱岩。在断面附近常有破碎岩块和岩屑充填，即构造角砾岩。一般角砾岩属张性和张扭性断裂的产物，而糜棱岩及构造透镜体是压性或压扭性的产物。或出现由两盘挤压摩擦（碾磨）产生的极细的断层泥。

（6）地貌异常。负地形内，由于断层附近易风化、剥蚀（岩石破碎），长期的外力作用造成，俗话说"逢沟必断"。出现断层崖，即大而陡的断面出露呈陡崖状，有流水还可成瀑布。或出现断层三角面，即一系列平行的山脊，被走向与其垂直的正断层切割，上升盘露出，山脊呈三角形横切面。山脊、水系的错断，冲积扇的线形排列，泉点常呈线状分布，水系的突然改道等是判别断层的主要地貌标志。

5.2 根据地质图绘制剖面图并分析褶皱及断层

区域地质地貌调查后，最先得到的成果是绘制的平面图。在调查平面地质或前期地质资料图上，应当绘制出区域典型方向上的剖面图，反映出岩层三维立体的形态，为完整反映构造形式、分析受力方向和认识地质作用的形式、构造演化等后续工作提供条件。

1. 褶皱

分析褶皱发育区地质图，首先要确定背斜和向斜，进而再分析褶皱形态、组合类型及形成时代。地质图上的分析依据：

（1）背斜向斜。据地层的弯曲、对称重复以及地层新老关系和产状区分背斜和向斜。若核部为老地层，两翼依次为新地层者，为背斜，反之为向斜。

（2）枢纽产状。当地形基本平坦，褶皱两翼是平行延伸，表明两翼岩层走向平行一致，褶皱枢纽为水平；如两翼同一岩层界线交会或呈弧形弯曲，表明褶皱枢纽是倾伏的；背斜两翼同一岩层交会处弯曲的尖端指向枢纽倾伏方向，向斜指向扬起方向。

地形起伏剧烈的大比例尺地质图上，岩层界线弯曲不一定反映枢纽起伏。例如枢纽水平的褶皱，会因地形起伏的影响，表现出两翼交会。所以要结合褶皱两翼产状、界线分布形态与地形的关系等综合分析，正确认识枢纽产状。

（3）组合类型。在逐个分析区内背斜、向斜后，按轴迹排列规律，确定褶皱组合类型（平行线列、雁列褶皱或其他类型）。

（4）形成时期。根据地层间的角度不整合接触关系来确定褶皱的形成时代。不整合面以下褶皱岩层最新地层时代之后与不整合面以上最老地层时代之前为褶皱形成时代。

2. 褶皱剖面图的绘制方法

一般绘制褶皱的正交剖面（横截面）。

（1）选择剖面线。剖面线应尽量垂直褶皱走向，并能穿过全区主要构造区。

（2）标出剖面线所通过的褶皱位置。背斜用"∧"、向斜用"∨"表示（图 5.2-1）。要把次一级褶皱轴迹延长与剖面相交，用同样方法算出次一级褶皱位置。

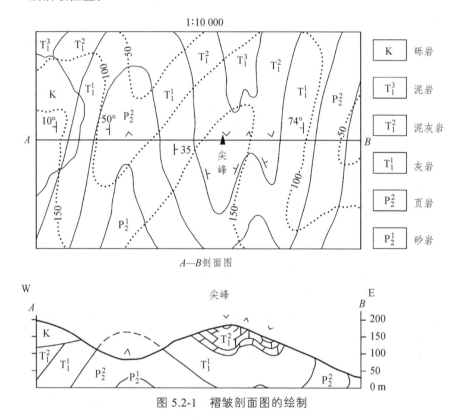

图 5.2-1　褶皱剖面图的绘制

（3）绘出地形剖面作为底图。

（4）绘褶皱形态。将剖面线上的地质界线和褶皱轴迹的交点投影到地形剖面上，在投地质界线点和画褶皱构造时应注意下几点：① 剖面切过不整合面和第四系时，先画不整合面以上的地层和构造，然后再画不整合面以下地质界线。② 剖面线切过断层时，先根据产状作出断层，然后再绘断层两侧的地层和构造。③ 剖面线与地层走向斜交时，应将岩层倾角换算成视倾角。④ 作图顺序应从褶皱核部开始，依次绘出两翼上各层，如各层倾角相差较大时，应使岩层厚度保持不变而调整局部产状，使之逐渐过渡与主要产状协调一致［图 5.2-2（a）］。

（5）恢复褶皱转折端的形态。地面以上部分用虚线延伸。绘制时注意平行褶皱岩层的厚度保持不变，而相似褶皱中在转折端附近岩层加厚。结合两翼倾角及枢纽位置绘出转折端［见图 5.2-2（b），h_1、h_2 为岩层厚度］，转折端是圆滑或尖楞应根据地质图上表现的形态来确定。倾角差别不大时要连续过渡，不可人为造成角度不整合。

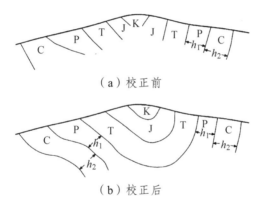

（a）校正前

（b）校正后

图 5.2-2　根据同一岩层厚度不变校正同翼岩层产状

（6）按剖面规格加以整饰。

3. 断层在地质图上的特征

分析断层时，应从区域出露的所有地层先建立起地层层序，再判定不整合的时代，按照新老地层分布及产状来确定区内断层发育。

（1）断层面产状。

断层线是断层面在地面的出露线。因此，它和倾斜岩层的露头线一样，可根据其在地形地质图上的 V 字形，用作图法求出断层面的产状。图 5.2-3 中断层线在河谷中呈指向下游的 V 字形，说明断层倾向南西，通过作图求得断层产状是 SW230°∠40°。

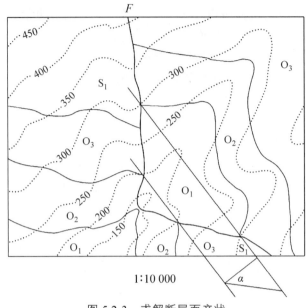

图 5.2-3　求解断层面产状

（2）相对位移方向。

断层两盘相对升降、平移并经侵蚀夷平后，如两盘处于等高平面上，则露头和地质图上一般表现出以下规律：

① 走向断层或纵断层，一般是地层较老的为上升盘。但当断层倾向与岩层倾向一致，且断层倾角小于岩层倾角，或地层倒转时，则上升盘是新地层。

② 横向或倾向正（或逆）断层切过褶皱时，背斜核部变宽或向斜核部变窄的一般为升盘。如为平移断层，则两盘核部窄基本不变。

③ 倾斜岩层或斜歪褶皱被横断层切断时，如在地质图上地层界线或褶皱轴线发生错动，还要参考其他特征来确定断层性质和相对位移方向。若是由正（或逆）断层造成的地质界线错移，则岩层界线向该岩层倾向方向移动的一盘为相对上升盘。

确定了断层面产状和断层相对位移方向，就可确定断层的性质。如图5.2-3 所示，断层面倾向西南，西南盘（上盘）地层相对较新，为下降盘，所以是一条上盘下降的正断层。

（3）断距测定。

当两盘地层平整且同一地层的产状相同时，在大比例尺地形地质图上，地层断距可用下式求解得到。

$$hf = hg \cdot \cot\alpha = \frac{ho}{\cot\alpha}$$

图 5.2-4、图 5.2-5 中，α 为地层倾角，hf 为水平地层断距，hg 为铅直地层断距，ho 为地层断距。

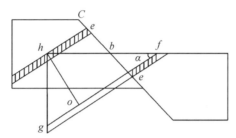

图 5.2-4　垂直地层走向剖面图

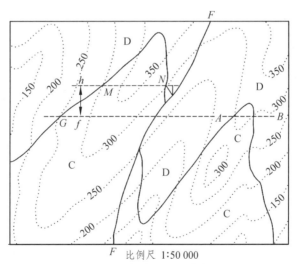

比例尺 1:50 000
图 5.2-5　在地质图上求断距

铅直地层断距是两盘同一层面的铅直距离。在断层任一盘作某一层面某一海拔走向线的投影线，延长穿过断层线与另一盘同一层面相交，此交点的海拔与走向线海拔的差值就是铅直地层断距。

图 5.2-5 上在断层南东盘 D 泥盆系顶面作 300 m 高走向线 AB，延长过断层线，使它与另一盘同一地层相交于 G 点。G 点的标高为 250 m。AG 代表断层北西盘泥盆系顶面 250 m 高程走向线，与南东盘 300 m 走向线 AB 之间的高差为 50 m，即断层的铅直地层断距（图 5.2-4 中 hg）。

图 5.2-4 中垂直岩层走向的剖面上，过断层两盘同一层面上等高 h、f 两点间的水平距离 hf，即水平地层断距。在地质图上的断层两盘，给出同一层面等高的走向线，两走向线间的垂直距离，即水平断距。如图 5.2-5 断层线 F 两盘 D 泥盆系顶面两条 300 m 高程走向线（AB 和 MN）之间的垂直距离（hf）测得为 1 cm，经比例尺（1∶50 000）换算后该断层的水平断距为 500 m。

（4）断层活动时代。

断层一般发生在被其错断的最新地层之后，未被错断的上覆下整合面以上的最老地层之前，这通常根据地层的角度不整合确定。其次，可根据与岩体或其他构造的相互切割关系断定，被切割者的时代相对较老。

（5）断层的描述。

断层的描述内容一般包括：断层名称（地名+断层类型，或用断层编号）、位置、延伸方向、通过主要地点、延伸长度；断层面产状；两盘出露地层及产状；地层重复、缺失及地质界线错开等特征；两盘相对位移方向；断距大小；断层与其他构造的关系；断层形成时代及力学成因等。

例如金山镇地区地质图（图 2.5-1）西部的纵断层，描述如下：

奇峰-雨峰纵向逆冲断层：位于奇峰和雨峰之东侧近山脊处，断层走向 NE-SW，两端分别延出图外，图内全长约 180 km。断层面倾向 NW，倾角 20°～30°。上盘（即上升盘）为组成奇峰-寸峰背斜的石炭系各统地层，下盘（即下降盘）为下二叠统和上石炭统地层，构成一个不完整的向斜。上升盘的石炭系各统岩层逆掩于下二叠统和上石炭统地层之上。地层断距约 800 m。断层走向与褶皱轴向一致，基本上为一纵向断层。断层中部为两个较晚期的横断层所错断。断层形成时代在晚三叠世（T_3）之后，早白垩世（K_1）之前。三条断层构成叠瓦式。

（6）逆冲断层在地质图上的特点。

逆冲断层是小角度压缩下形成的位移量很大的逆断量，常呈叠瓦状产出，并与强烈褶皱伴生。在阅读逆冲断层发育区地质图时，应注意分析以下特点：

①逆冲断层的产状及其顺走向和倾向的变化，逆冲断层的组合形式，与逆冲断层伴生的褶皱的形态、产状、轴面倒向。

②逆冲断层侵蚀后形成的飞来峰和构造窗等构造。根据逆冲断层面的产状、伴生褶皱的轴面倒向、飞来峰和构造窗的产出部位及共生伴生构造，确定逆冲运移方向。

③根据被错断地层估算运移距离，确定断层发生的时代。

6

地层

6.1　构造期与构造事件

地层是有时间含义的岩层。地质图上，地层之间的接触关系反映了相当具体的构造运动信息。例如，柱状图上，地层的不整合就说明了期间的升降或掀斜运动；剖面图上的褶皱和断层也说明了水平运动发生的时代。

地质运动常常是大区域的，一些全球事件在区域上都有响应。例如，二叠纪中晚期的玄武岩事件在中国西南地区比较常见，中生代中晚期的燕山运动在中国东部和环太平洋地区都有响应。

地质运动往往是地层划分的依据，对岩性有重大影响。

地层具有物质和时间双重属性。地层划分依据岩性、化石或放射性元素所反映的时代。而岩性的变化在地质构造事件前后有较大的差异，反映了丰富的环境变化信息。

在地质历史中，构造作用的剧烈期与平静期是交替并重复出现的。同时，一次构造作用在不同地方不一定都是同时发生或结束，而是有一定时间跨度的。因而构造作用的演化具有旋回性（Cycle）、多期性（Polyphase）、穿时性（Spanning Age）的特点。我国的构造演化大致可以分为以下几个构造期（Tectonic Period），伴随多期多阶段的构造-岩浆事件。

1. 太古宙构造期

时代跨越整个太古宙，距今早于 2 500 Ma，跨度极长。由于研究程度不够，尚未作详细划分。在此构造期，形成了多个由太古宙深变质岩组成的古老核心，称陆核（Continental Nucleus）。在东北、华北和塔里木地区，都出露了成岩年龄值为 2 600 ~ 2 800 Ma 的古陆碎块，其中携带有 3 700 ~ 3 800 Ma 的最古老基底信息。在该构造期的末期，曾发生强烈的构造活动，称阜平事件（以太行山阜平地区最为典型而命名）。该事件使太古宙地层发生强烈的变质和变形，伴随强烈岩浆活动以及太古宙地层与元古宙地层之间的角度不整合接触。

2. 元古宙构造期

跨越除南华纪、震旦纪以外的全部元古宙，距今约 800 ~ 2 500 Ma，时代跨度也很大。其中包含多个次一级构造期,每一个次一级构造期的末期都出现了重要的构造-岩浆事件。例如,华北的五台事件(发生在距今2 000 Ma 前,以山西五台山地区为典型而命名)、山西的中条事件(发生在距今 1 700 Ma 前,以中条山地区为典型而命名)、广西的四堡事件(发生在距今 900~1 000 Ma 前)、云南的晋宁事件(发生在距今 800 Ma 前),这些构造-岩浆事件促使古、中元古代地层发生区域变质、变形,产生强烈岩浆活动并造成相应地层之间的角度不整合接触关系。

3. 新元古代晚期—志留纪构造期

时间跨度从 800 Ma 到 416 Ma,经历了南华纪、震旦纪以及寒武纪到志留纪末的漫长时间。这一时期大陆地壳快速增长。

晚奥陶世—早泥盆世期间,在华南以及秦岭—祁连、天山等地区发生了一次强烈的构造-岩浆事件,使所有前泥盆纪岩层卷入强烈褶皱变形,发生区域变质作用,伴随大规模花岗岩浆活动,泥盆纪地层不整合覆盖在志留系或更老地层之上。这期构造-岩浆事件具有全球意义,美国的阿巴拉契亚山、西欧的挪威-苏格兰、东格陵兰、西伯利亚南缘、东澳大利亚等地区,都发生了同样的构造造山事件,在欧洲称加里东事件(Caledonian Orogeny),在北美称塔康事件(Taconian Orogeny)。

4. 晚古生代构造期

时间跨度从 416 Ma 到 254 Ma,相当于泥盆纪初到二叠纪末,对应于德国的海西期(Hercynian Period)和法国的华力西期(Variscan Period)。在此构造期末,即 300~254 Ma,发生强烈的构造-岩浆活动,使下古生界地层以及更老岩层褶皱变形,逆冲推覆,伴随大规模的玄武岩浆喷发和花岗岩浆侵入活动(如峨眉山、塔里木等地),以及二叠系地层不整合覆盖在老地层之上。在我国,此构造-岩浆事件主要见于新疆、内蒙古、昆仑山、峨眉山等地区,在华南地区表现不明显。

5. 早中生代构造期

时代为三叠纪,相当于 254~200 Ma。在早—中三叠世,发生了强烈构造作用。其表现为三叠系以及更老地层的褶皱变形、逆冲推覆和变质作用,伴随花岗岩浆活动,上三叠统—下侏罗统不整合覆盖在中三叠统及更老地层之上。该构造作用在印支半岛（即中南半岛）发育最好，被最先命名称为印支事件（Indosinian Orogeny，命名地点在越南北部）。在我国，这一构造事件见于青海东南部、四川西部和东北部、大别山以及华南等许多地区。在大别山地区，还发生了超高压变质作用，形成含金刚石及柯石英的榴辉岩和蓝闪石片岩。在南岭地区，形成大规模花岗岩带，同位素年龄 245 ~ 210 Ma。这一构造事件促使海水从我国大陆的大多数地区撤退，开创了以大陆沉积作用为主的新时期。

6. 燕山构造期

时代从侏罗纪到白垩纪末。在此构造期内，发生了穿时的、强烈的构造-岩浆作用，即燕山运动（Yanshan Movement，以河北燕山地区为典型，并研究最早而得名）。以地壳-岩石圈的大规模伸展减薄、陆内成盆、巨量花岗岩浆活动为特征。本次构造作用，导致在白垩系与侏罗系之间、古近系与白垩系之间出现不整合接触关系。燕山构造期及其燕山事件在我国东部地区表现最为广泛，形成走向近于南北，宽 400 ~ 800 km、延伸 4 000 km 的花岗质火山-侵入杂岩带。

7. 喜马拉雅构造期

时间跨度包括整个新生代，发生在此期间的构造事件统称喜马拉雅事件（Himalayan Orogeny）。其主要表现是新生界地层的强烈褶皱变形与隆升造山，伴随岩浆活动、变质作用以及古近系-新近系内部及其与第四系之间的不整合接触。其影响最强烈的地区是我国的青藏高原、三江地区、天山、昆仑山、阿尔金山和台湾等地。东部沿海地区也有一定响应，以碱性玄武岩喷发为特征。

6.2　地层接触关系与表示

接触关系表明了地层经历过的构造变化。

大区域上的地层接触关系，常可作为划分和确定地壳运动性质、地质历史阶段和地质构造形成时期的标志。比如，不整合面在地质历史上很可能经历了长期的剥蚀，构造上是一个软弱带，常成为岩浆或其他含矿溶液活动的地带，有可能发生充填、交代作用，有利于地下水、油气运移和聚集。

1. 整　合

整合（Conformity）：新老地层产状一致，岩性变化及古生物演化渐变而连续，新老地层时代连续，中间没有地层缺失。地层形成的过程中基本保持稳定的沉积环境，构造运动主要是地壳缓缓下降，即使有上升，也未使沉积表面上升到水面之上遭受到剥蚀。

相互整合的地层按实际接触关系连续地表示出来（图 6.2-1）。

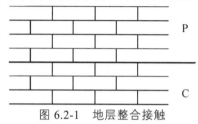

图 6.2-1　地层整合接触

2. 假整合

假整合又称平行不整合接触（Disconformity）：相邻的新老地层产状一致，它们的分界面是沉积作用的间断面，或称为剥蚀面。剥蚀面的产状与相邻的上、下地层的产状平行。

假整合的表示：▬ ▬ ▬ ▬ ▬ ▬ ▬ ▬ ▬ ▬ ▬ ▬。

新老地层产状一致，岩性及古生物演化突变，地层时代不连续，有地层缺失。新地层之下常有底砾岩，砾石来源于下伏岩层。底砾岩是下部时代较老的地层遭到剥蚀的岩石碎块重新胶结而成，其岩石矿物成分与下伏岩层相同。老地层沉积后地壳有明显的均衡上升（水平抬升），遭受剥蚀后，地壳又均衡下降，接受新地层的沉积，虽然有部分地层缺失掉，但新老地层产状没变。

如华北地区的假整合显示 O、C 之间缺失了 S、D 地层，但接触上仍然是平行的（图 6.2-2）。

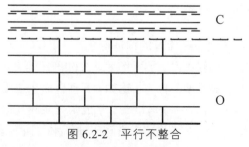

图 6.2-2　平行不整合

3. 不整合

不整合又称角度不整合（Angular Unconformity）。接邻的新、老地层产状不一致，由剥蚀面相分隔。剥蚀面的产状与上覆地层的产状一致，与下伏的地层产状不一致。不整合接触表示较老的地层形成后，因受强烈的构造作用而褶皱隆起并遭受剥蚀，形成剥蚀面，然后地壳下降，在剥蚀面上重新沉积，形成上覆的较新地层。

不整合的表示：～～～～～～～［图 6.2-3（b）］。

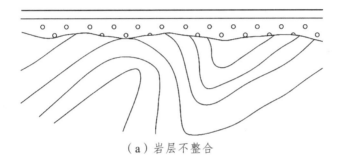

（a）岩层不整合

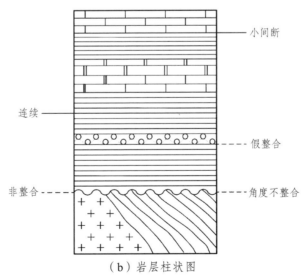

（b）岩层柱状图

图 6.2-3　岩层的不整合及柱状图

4. 侵入接触

侵入接触（Intrusive Contact）是侵入体与被侵入围岩之间的接触关系。侵入接触的主要标志是侵入体与其围岩的接触带有接触变质现象，侵入体边缘常有捕房体，侵入体与其围岩的界线常呈不规则状。侵入接触说明曾经发生过构造作用，引起了岩浆的侵入，形成了侵入体。侵入体的年代晚于被侵入围岩的年代（图 6.2-4）。

侵入体和被侵入围岩之间的识别标志：

（1）接触带上有接触变质的现象（围岩）。

（2）接触带附近，侵入体中有围岩的捕房体（未完全融化的围岩）。

（3）侵入体切割（切穿）围岩层理。

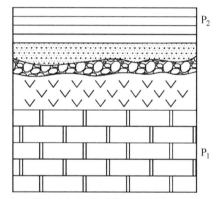

（a）上部 P$_2$ 喷出岩时代晚于下部 P$_1$ 白云岩

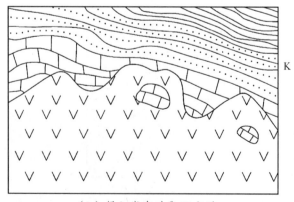

（b）侵入岩在时代 K 之后

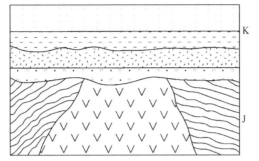

（c）下部侵入岩时代在周围围岩后、上部沉积岩之前

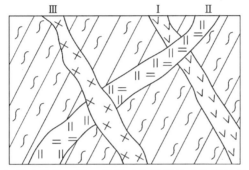

（d）岩脉按Ⅰ、Ⅱ、Ⅲ所示的顺序活动呈穿插接触

图 6.2-4 从岩浆活动反映的几种基本接触关系

6.3 地层剖面实测及资料整理

地层是地质历史的档案，蕴藏丰富的地质信息，是区域地质工作的基础。没有地层系统的概念，地质工作难以进行。以"金钉子"为例，它是全球年代地层单位界线层型剖面和点位（Global Stratotype Section Point，GSSP）的俗称，是区别全球不同年代（时代）所形成的地层的全球唯一标准或样板，并在一个特定的地点和特定的岩层序列中标出，作为确定和识别全球两个时代地层之间的界线的唯一标志。所以，地层剖面是形象展示区域地层系统和构造事件最主要的手段。

1. 实测地层剖面的目的和任务

（1）反映区内的地层层序、岩性特征、厚度、沉积特点。明确各层序间的接触关系，进一步划分地层确定时代。

（2）选定标准层。具备特殊标志、特征明显的岩层称为标准层。标准层岩性特征明显，层位稳定、分布广泛，厚度适中、变化不大。例如四川区域性的标准层叶肢介页岩。

2. 地层剖面的选择及布置

地层剖面选择在地层出露齐全、露头裸露良好、构造简单、化石丰富、接触关系清楚、岩性组合和地层厚度有代表性的地段。

地层厚度、岩性特征等常有变化，应在不同地段、不同构造部位适当布置剖面，控制其变化，揭示总体特点。但必须首先建立一个主干剖面，拟定出控制剖面，确定连续分段测绘的剖面线，即导线的长度和方向。

3. 剖面测量要求

（1）剖面导线方向，尽量垂直于岩层走向。若要斜交时，要求导线方向与岩层走向间的夹角大于 60°，避免增大计算误差。

（2）剖面测量一般从老地层开始逐一向新地层。通常要求每一导线长度在 30 m 以内，导线内应有产状控制，产状有明显变化时，必须分段测量以确保质量。当导线上露头不连续或遇障碍物时，可沿岩层走向移位，沿岩层边界移位，或根据岩性特征对比移位，但必须做到准确拼接，防止人为造成的地层遗漏和重复。

（3）地层描述应全面系统、逐层进行。单层厚度在柱状图上达到 1 mm 的岩层均应分层描述；小于 1 mm 的特殊小层，制图时可以夸大表示，注明实际厚度。对岩性简单的地层，防止分层过粗，应仔细观察划分，避免几十米、上百米分一层的现象。

（4）测量的各种数据及原始资料，填表记录无误，有报有答，计算准确，当天整理。

4. 实测剖面方法

实测剖面时，一般地形、地质剖面同时测量绘制。常用罗盘测量导线方位和地形坡度角，用 GPS 或测绳、皮尺测量水平距离和斜距。具体方法：

（1）按选定的剖面位置，首先将剖面起点准确确定在地形图上，确定剖面线总方位并尽可能保持各导线方位与之相一致，然后分导线进行逐段测量，并以 0-1、1-2、2-3……连续编出导线号。

（2）每一段测量可由两人配合完成，能够相互校正每一导线的方位和坡度角；由导线起点向终点依次测量和记录，直到剖面测制完毕。测量野外记录内容可参考表 6.3-1。

表 6.3-1 剖面测量记录表

剖面位置： 县 镇 乡 村 年 月 日 第 页 总 页

点号	时代	地层编号	皮尺编号	岩性描述	地层		皮尺			剖面与倾向的夹角	$A\pm$	$B\pm$	地层深度						标本编号	备注
					倾向	倾角	方位角	斜距	坡度				分层厚			累积厚				
1	2	3	4	5	6	7	8	9	10	11	12	13	14	15	16	17	18	19	20	21

记录： 计算： 核算： （组）队长：

实测剖面记录内容可参照表 6.3-2 所示格式。

表 6.3-2 实测地质剖面记录格式及内容

20××年××月××日；星期×；天气

地点：××县××乡镇××村××点

工作内容：实测白垩系—古近系地层剖面

剖面编号：1-1

剖面名称：××县××沟实测地质剖面

剖面位置：起点：××村××沟 坐标 ；终点：××村 坐标

导线总方位：W=175°

0-1 导线：W（导线方位）=170°

l（斜距）=100 m，β（坡度角）=+10

0～25 m…①（层序号）

岩性：

化石：

产状：

构造：

5. 地层剖面绘制方法

（1）柱状剖面图。

地层柱状剖面图是用比例的方法将实测厚度缩小，按地层新、老关系（沉积顺序）进行水平叠置，再用规定的符号花纹表示岩层特征、配合文字描述等内容综合而成。

实测地层剖面的最终目的是对地层进行正确的分层，建立该区地层的标准柱。地层柱状图主要是根据实测和计算出来的各分层的真厚度及岩性、化石按比例编制而成。岩性描述力求简明，化石名称尽可能列出。

（2）地层剖面图。

剖面图是在进行地质路线观测的同时，随手在野外记录簿上画出的地质剖面图，主要反映剖面线地形起伏状况及下伏岩层、岩体、构造、矿产等内容（图 6.3-1）。具体做法：

第一，按比例尺将地形线画在记录簿的方格页上。地形长度用步测或目估，地形坡度用罗盘仪测量；然后用正直线投影法，按比例尺要求，将地形长度和坡角画在左页即野外记录簿方格页上，反映地形起伏状况。

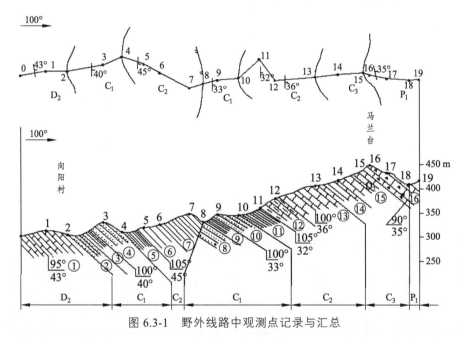

图 6.3-1　野外线路中观测点记录与汇总

第二，在地形线下填绘地质内容。逐层填绘地质内容（岩层产状、岩体、断层等），岩层每个分层的斜距仍要在地形线上按比例截取，岩性、岩层及岩体时代，岩层面倾向、倾角，断层面倾向、倾角等都要用所规定的代号填注。描述性地质内容记录在右页。

第三，注明图名、位置、方向和比例尺。

野外地质工作展开是在事先沿拟定的剖面或者界线等线路上进行，每条线路踏勘后，要及时进行小结，绘制线路及每个观测点上的岩性、产状，形成室内综合成果；同时，及时发现问题，弄清情况，统一认识，在地质术语使用、岩石野外定名和地层划分标准上形成共识，规范工作流程，并调整下一步工作方式。

6. 实测剖面文字说明

每个地层实测剖面应有一个专门的文字报告，具体内容如下：

报告名称：××省××县（市）××地区（山）××地层实测剖面报告。

报告内容：

（1）概述：① 实测剖面地点；② 实测剖面的起讫点；③ 所测地层时代、剖面长度、总厚度。

（2）剖面叙述：自下而上按分层叙述（包括上覆地层和下伏地层的岩性化石、接触关系）。每一分层内容的次序：① 分层号；② 岩石性质；③ 化石名称；④ 分层厚度。

（3）小结：包括主要收获（新发现或解决的新问题）和存在问题，列出几条，文字要求简明扼要。

文字报告附件：

（1）实测剖面图；

（2）地层柱状图。

7

地质地貌统计图与地质填图

7.1 编制构造等高线图

构造等高线图是用等高线的方式表示一套岩层（标准层）层面起伏形态的平面投影图，主要是为了反映地下的构造形态，是矿产、石油勘探和开发中最常用图件。

编制构造图的基本数据来源有三种，即实测剖面、钻井资料和物探方法。

1. 利用钻井获得的资料编制构造图

在有井位分布平面图、地形图或各井深度资料时，使用钻井资料编制构造图。这种编制构造图的方法是油气田生产中常用的方法之一。

（1）换算标准层层面的标高。标志层指易于鉴别、能够反映构造的某个特定矿层或岩层。从地形上求得的井口标高（或从钻井资料中得到的井口标高）减去该点标准层层面埋藏深度（即钻口至标准层顶面的井深），为标准层层面的标高（图 7.1-1）。

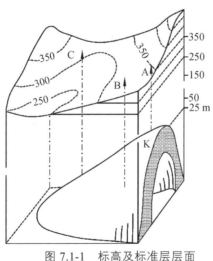

图 7.1-1　标高及标准层层面

（2）将计算结果标在地形图上的井位附近，如 250/5、400/8，其中分母表示标准层面标高，分子表示点（井）号（图 7.1-2）。

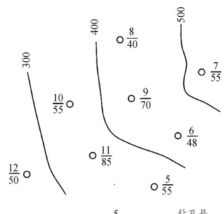

图 7.1-2 钻孔位置与标高

（3）分析基准层层面高程变化规律。找出层面上最高点或最低点部位，或者高程突变的位置（往往显示断层），分析高程变化趋势，初步确定构造性质和轮廓，了解褶曲脊线或断层线的大概位置。如图 7.1-2 所示，以 11 号孔为中心，附近各点高程变化特点是朝北西和南东方向变低，也渐向北东方向降低，因此可估计为一条大约沿 11-9-7 等点连线延伸的脊线，并向北东倾伏的背斜构造。

（4）连三角网，从估计的脊线开始，从最高点或最低点开始，向相邻点作辅助线，构成三角网格。连线时尽量垂直岩层走向，即在距离短、高差大的方向连线，防止将不同翼上的两点相连，以免歪曲真实情况（图 7.1-3）。

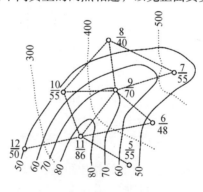

（a）三角生成

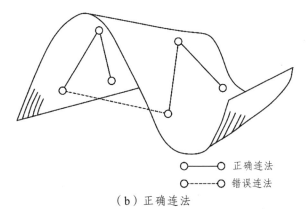

（b）正确连法

图 7.1-3　三角网生成与正确连法示意图

（5）求等高线点。用等分法求出不同高度点。如图 7.1-4 所示，2 号孔层面标高为 65 m，3 号孔标高为 82 m，两者高差 17 m。按等高线间距 10 m

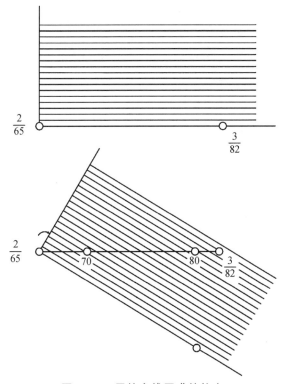

图 7.1-4　用等高线网求等值点

地质地貌野外实践指南

插值，应在两孔之间线段上求出 70 m 和 80 m 两高程点位置，将 2 号孔和
3 号孔之间的连线分为 17 等份，从 2 号孔数 5 等分点就是 70 m 高程点，
从 3 号孔数 2 等分点就是 80 m 高程点。

（6）连等高线图。将用等分法求出的各等高点用圆滑的曲线连接起来
即为等高线图。连线时最好从最高点逐次向外扩展，同时还应注意同一层
面沿走向上的起伏（甚至突变），以免歪曲构造形态。

（7）按构造等高线图图幅规格完成图件。

2. 构造等高线图分析

构造图是用等高线或等深线反映地下岩层层面起伏情况的平面图。与地形
图等高线相似，可以用它分析构造的形态、两翼陡缓、闭合高度等很多内容。

（1）构造形态：等高线呈封闭状并向核心增高为背斜，反之为向斜
（图 7.1-5）。

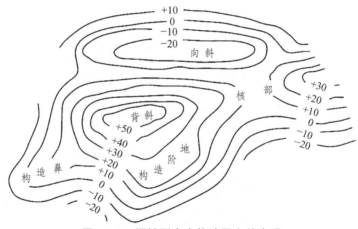

图 7.1-5　褶皱形态在构造图上的表现

（2）构造的产状特征：等高线的疏密反映岩层产状的陡缓。可以在构造等
高线图上用作图法来求岩层面各处的产状，因为岩层某一高度的等高线即该高
度岩层的走向线。用实线和虚线及两者的重叠表示岩层产状的正常和倒转。

（3）构造组合：在大面积的构造图上，可以分析褶皱的组合规律，褶
皱与断层的关系，构造高点，闭合度和闭合面积。例如，等值线出现突变、
重叠或不连续，为断层构造；等值线"缺失"、出现"张口"的多为正断层
［图 7.1-6（a）］，而发生重叠的多为逆断层［图 7.1-6（b）］。平移断层会引

起等值线呈系统不连续性错开。等高线延伸方向反映岩层走向及其变化，等高线的疏密反映了岩层倾角的陡缓。图上实线、虚线及两者的重叠表示出岩层产状正常和倒转［图 7.1-6（c）］。

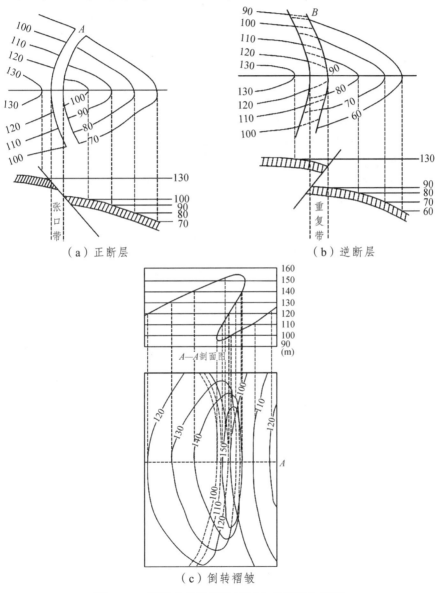

（a）正断层　　　　　　　　　　（b）逆断层

（c）倒转褶皱

图 7.1-6　断层在构造等值线图上的表现与剖面

7.2 极射赤平投影的应用

赤平投影主要用来表示线和面的方位、相互间的角距关系及运动轨迹，把地质体的三维空间线、面等几何要素反映在投影平面上来认识处理。它虽是定量方法，但计算简便、直观，图示也很形象，能综合反映相互关系，主要用来分析地质构造的几何形态和应力。

1. 赤平投影原理

通过球心的面或线，延伸后与球面相交并在球面上形成大圆或点。以球的北极为发射点，与球面上的大圆和点相连，将大圆或点投影到赤道平面上，称极射赤平投影，简称赤平投影。

赤平投影主要用来表示线和面的方向、相互间角距关系及运动轨迹，把物体三维空间的几何要素（线、面）映射到投影平面上处理。该方法计算简便、直观，能够形象、综合地使用它来做定量图解，广泛应用于天文、航海、测量、地理及地质科学中。由于能够解决地质构造的几何形态和应力分析等实际问题，赤平投影是研究地质构造的重要手段。

赤平投影一般采用投影网，常用有乌尔夫网［又称吴氏网或等角距网，见图 7.2-1（a）］和施密特网［又称等面积网，见图 7.2-1（b）］。

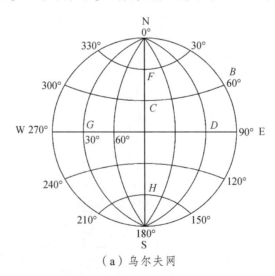

（a）乌尔夫网

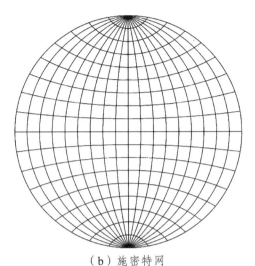

（b）施密特网

图 7.2-1 投影网

2. 乌尔夫投影网结构要素

（1）基圆：赤平面与球面的交线，是网的边缘大圆。由正北顺时针为 0°~360°，表示方位角，如走向、倾向、倾伏向等［图 7.2-1（a）］。

（2）两个直径：分别为南北走向和东西走向直立平面的投影，自圆心至基圆为 90°~0°，表示倾角、倾伏角［图 7.2-1（a）］。

（3）经线大圆：通过球心的一系列走向南北、向东或向西倾斜的平面的投影，自南北直径向基圆代表倾角由陡到缓的倾斜平面［图 7.2-1（b）］。

（4）纬线小圆：一系列不通过球心的东西走向的直立平面的投影。它们将南北向直径、经线大圆和基圆等分［图 7.2-1（b）］。

3. 平面的投影方法

例：标绘产状为 120°∠30° 的平面（图 7.2-2）。

（1）先将透明纸上的指北标记 N 与投影网正北重合，以北为 0°，在基圆上顺时针数至 120° 得一点 D，为平面的倾向［图 7.2-2（a）］。

（2）再逆时针转动透明纸将 D 点移至东西直径上，自 D 点向圆心数 30° 得 C 点，画出 C 点所在的经线大圆弧［图 7.2-2（b）中弧 ACB］，AB 为平面的走向。

（3）然后顺时针转动透明纸，使 N 点与投影网正北重合，ACB 大圆即为 120°∠30°平面的投影［图 7.2-2（c）］。

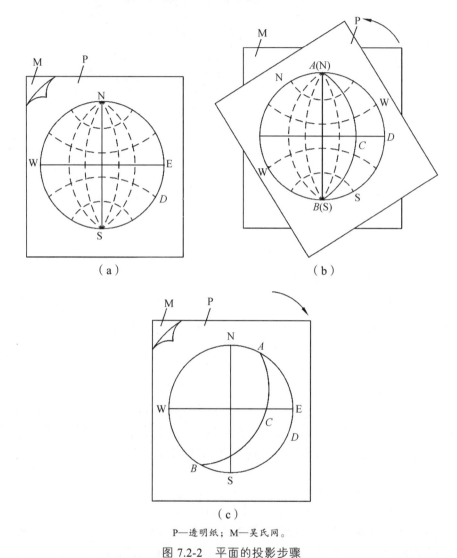

（a）

（b）

（c）

P—透明纸；M—吴氏网。

图 7.2-2　平面的投影步骤

4. 直线的投影方法

例：标绘产状为 330°∠40°的直线（图 7.2-3）。

（1）将透明纸上指北标记 N 与投影网正北重合，以 N 为 0°，在基圆上顺时针数至330°得一点 A，为直线的倾伏向［或逆时针数30°同样得点 A，见图7.2-3（a）］。

（2）把 A 点转至东西向直径上，由 A 点向圆心数40°得 A' 点［图7.2-3（b）］。

（3）把透明纸上 N 点转至与投影网正北重合，A' 点即为产状330°∠40°的投影［图7.2-3（c）］。

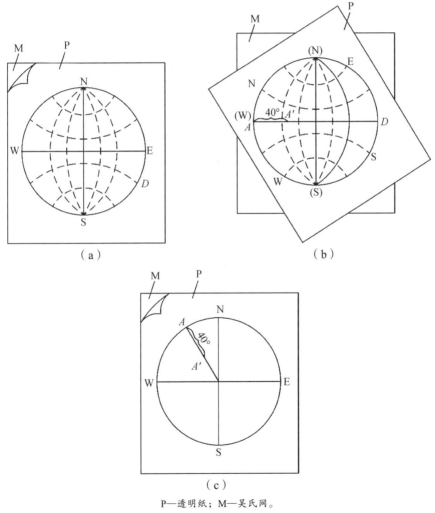

（a）

（b）

（c）

P—透明纸；M—吴氏网。

图7.2-3 直线的投影步骤

5. 法线的投影方法

平面的投影是圆弧，法线的投影是极点，两者互相垂直，夹角相差 90°。往往用法线的投影代表与其相对应的平面的投影，这样较为简单。

例：标绘产状为 90°∠40°平面法线的投影（图 7.2-4）。

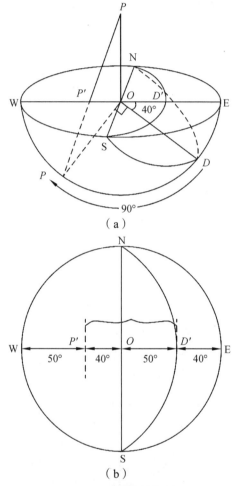

图 7.2-4　法线的投影

（1）标绘出产状 90°∠40°平面投影大圆弧，自该平面倾斜线投影 *D'* 点在东西向直径上数 90°，显然已超过圆心进入相反倾向，得点 *P'*，该点即为产状 90°∠40°平面的法线投影极点。

（2）也可自圆心直接向反倾向数 40°，即得极点。

6. 节理极点图的编制

节理极点图通常是在施密特网上编制的，作极点图时，直接标绘出节理的极点，把观测点上所有节理的极点投影在一张图上，即成为该观测点的节理极点图。

注意，施密特网和乌尔夫网基本特点相同，其投影方法也相同，只是前者为等面积投影，后者为等角距投影。法线的倾伏向和平面的倾向正好相反，相差 180°。

7.3　编制节理极点图与节理玫瑰图

表示节理的产状与节理间相互关系及其与褶皱、断层的关系时，可根据具体需要，选用极点图、等密图和玫瑰图。

1. 节理极点图

节理极点图通常是在施密特网上编制的，网的圆周方位表示倾向，由 0°至 360°，半径方向表示倾角，由圆心到圆周为 0°~90°。作图时，把透明纸蒙在网上，标明北方，当确定某一节理倾向后，再转动透明纸至东西向或南北向直径上，依其倾角定点，该点称极点，即代表这条节理的产状。

例如一节理产状为 NE20°∠70°，则以北为 0°，顺时针数 20°即倾向，再由圆心到圆周数 70°（即倾角）定点，为节理法线的投影，该点就代表这条节理的产状（图 7.3-1 点 a）。若产状相同的节理有数条，则在点旁注明条数（图 7.3-1 点 b）。把观测点上的节理都分别投成极点，即成为该观测点的节理极点图。

节理等密图是在极点图的基础上编制的，编制步骤如下：

（1）在极点图上作方格网（或在极点图下垫一张方格网），网格平行东西、南北走向，间距等于大圆半径的十分之一（图 7.3-2）。

（2）使用工具：中心密度计是中间有一小圆的四方形胶板，小圆半径是大圆半径的十分之一。边缘密度计是两端有两个小圆的长胶板，小圆半径也是大圆半径的十分之一，两个小圆圆心连线长度等于大圆直径，中间有一条纵向窄缝，便于转动和来回移动。

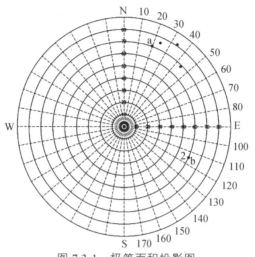

图 7.3-1　极等面积投影图

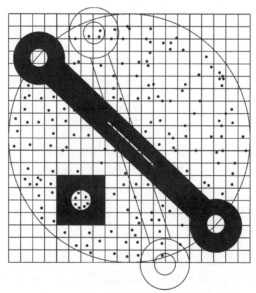

图 7.3-2　用密度计统计节理极点数

（3）统计：先用中心密度计从左至右，从上到下，顺序统计小圆内的极点数，并注在每一方格"+"中心，即小圆中心上；边缘密度计统计圆周附近残缺小圆内的极点数，将两端加起来（正好是小圆面积内极点数），记在有"＋"中心的那一个残缺小圆内，小圆圆心不能与"＋"中心重合时，可沿窄缝稍做移动和转动。如果两个小圆中心均在圆周，则在圆周的两个圆心上都记上相加的极点数。

（4）连线：统计后，大圆内每一小方格"＋"中心都注上了极点数目，把数目相同的点连成曲线（方法与连等高线一样），即成节理等值线图（图7.3-3）。等值线上标值数目一般用节理的百分比来表示，即小圆面积内的节理数（极点数）与大圆面积内的节理总数的百分比。因小圆面积是大圆面积的百分之一，其节理数亦成比例。

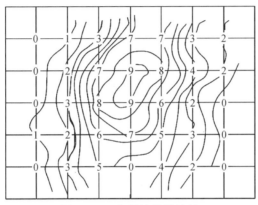

图 7.3-3　节理等值线连法

（5）整饰：为了图件醒目，在相邻等值线间着以颜色或画线条花纹，写上图名、图例和方位（图7.3-4）。

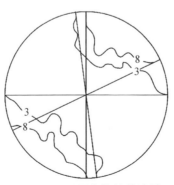

图 7.3-4　圆周上等值线连法

图 7.3-5 是根据 400 条节理编制的等密图，等值线间距为百分之一。图上可看出有两组节理：第 1 组走向 NE60°，倾角直立；第 2 组走向 SE120°，倾角直立；1 组与 2 组构成"X"共轭节理系。可再结合节理所处的构造部位，分析节理与有关构造之间的关系及其形成时的应力状态。

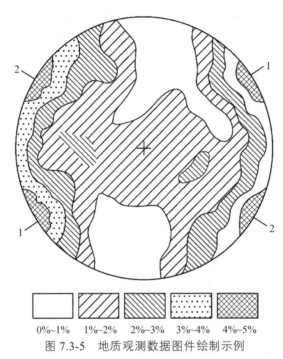

| 0%~1% | 1%~2% | 2%~3% | 3%~4% | 4%~5% |

图 7.3-5　地质观测数据图件绘制示例

节理等密图的优点是表现比较全面，节理的倾向、倾角和数目都能得到反映，尤其反映出节理的优势方位，其缺点是绘图的工作量较大。

2. 节理玫瑰图

根据各个方向上节理数量的分布统计，一般在 8 个或 16 个方位上按比例绘制，由于形状酷似玫瑰花朵而得名。玫瑰图是节理统计方式之一，简便醒目，能清楚反映出主要节理的方向，有助于分析区域构造。

（1）整理资料：为便于统计，将测得的节理走向换算成北东和北西向，按走向方位角间隔分组，一般采用 5°或 10°为一间隔。如 0°～9°、10°～19°……。统计出每组的节理数目，计算每组节理平均走向，如 350°～359°

组内，有走向350°、354°、358°三条节理，则其平均走向为354°。把统计整理好的数值填入统计表中（表7.3-1）。

表7.3-1　某观测点节理统计资料

方位间隔	节理数目	平均走向	方位间隔	节理数目	平均走向
0°~9°	12	5°	270°~279°		
10°~19°	5	11.8°	280°~289°	3	282.7°
20°~29°			290°~299°	6	291°
30°~39°	13	34.7°	300°~309°		
40°~49°	21	45.9°	310°~319°		
50°~59°			320°~329°	10	325.6°
60°~69°			330°~339°		
70°~79°			340°~349°		
80°~89°			350°~359°		

（2）确定作图比例尺：根据作图的大小和各组节理数目，选取一定长度的线段代表一条节理，然后以等于或稍大于按比例表示的、数目最多的那一条节理的线段长度为半径作半圆，过圆心作南北线和东西线，在圆周上标明方位角（图7.3-6）。

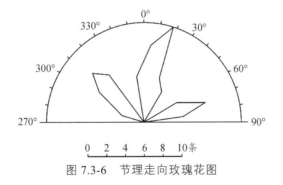

图7.3-6　节理走向玫瑰花图

（3）找点连线：从0°~9°一组开始，按各组平均走向方位角在半圆周上做一记号，再从圆心向圆周上该点的半径方向，按该组节理数目和所定比例尺定出一点，此点即代表该组节理平均走向和节理数目。各组的点位确定之后，顺次将相邻组的点连成线。如其中某组节理为零，则连线回到圆心，然后再从圆心引出与下一组相连的线。

（4）写上图名和比例尺：同理，节理倾向也能表示为玫瑰图。求出各组节理的平均倾向和节理数目，用圆周方位代表节理的平均倾向，用半径长度代表节理条数，方法类似，但用的是整圆（图 7.3-7）。

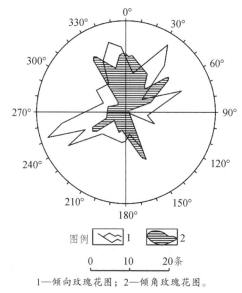

1—倾向玫瑰花图；2—倾角玫瑰花图。

图 7.3-7　节理倾向和倾角玫瑰花图

常把节理玫瑰花图按测点位置标绘在地质图上，能清楚反映出不同构造部位的节理与构造的关系（图 7.3-8）。走向节理玫瑰花图多应用于节理产状比较陡峻的情况，而倾向和倾角节理玫瑰花图多用于节理产状变化较大的情况。倾向、倾角玫瑰花图一般重叠画在一张图上。综合分析不同构造部位节理玫瑰花图的特征，就能得出局部应力状况，甚至可以确定主应力轴的性质和方向。

此外，野外测定的大小、产状等数据可在室内用 Excel、Matlab、SPSS 等软件进行分析，用 Surfer、MapGIS、ArcGIS、AutoCAD 等软件进行图示表达或渲染。例如，古河道的砾石最大迎水面的统计可做出类似的古河道流向玫瑰图，节理、断层等也可采用类似方法。

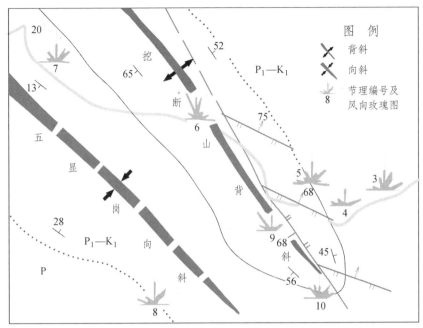

图 7.3-8　地质构造略图

7.4　地质填图成果概述

野外地理考察是不断地观察测量地质地貌等要素，并把所得数据添加到空白地图或某一要素地图上，从而得到某一要素地图的第一手资料，作为后续工作的基础。另一方面，以前地质资料都是小比例尺的，地质界线可能偏宏观概括性，并没有那么准确；现在地质填图还需要对大比例尺上的岩性、界线、构造等补充修测；同时，只有通过填图才能更好地了解区域尤其像矿区这样小区域的基本地质情况，为下一步找矿、开矿以及交通、库坝等工程的布置提供依据。

1. 地质填图

地质填图（Geological Mapping）简称填图，在实地观察和分析研究的基础上，或在航空相片地质解译结合地面调查的基础上，按一定的比例尺，将各种地质体及有关地质现象填绘于地理底图之上而构成地质图的工作过程。它是地质调查的一项基本工作，也是研究工作地区的地质和矿产情况的一种重要方法。地质工作的各个阶段和不同项目（如区域地质调查、矿产普查、矿区勘探、水文地质和工程地质调查等）都需要按工作的性质及任务要求测制内容不同的各种地质图，如区域地质图、矿区地质图、水文地质图、地貌图等。地质填图时，常配合采用钻探、坑探、物化探等手段。

2. 基本方法

地质填图和线路布设、地质界线勾绘、剖面线测量和绘制等前期工作紧密相连。

地质填图的基本工作程序：

（1）全面收集和研究有关填图区域已有的地质资料，通过实地踏勘，有时还需要进行航空和卫星影像的地质解释，选择和实际绘制具有代表性的地质剖面，以了解和掌握填图区域的基本地质情况，并根据任务的要求和比例尺的大小确定填图单位。将地层、岩体等地质体按其野外标志（如层面、界线）划分为不同的岩层、岩体或岩性组合（岩性段、岩相带），作为野外地质图上能够反映填图区地质特征的基本组成单位。填图单位的粗细取决于填图的比例尺，比例尺越大，填图单位划分越细，有时可相当于地层的一个"统"或"阶"，或为其一部分。

（2）根据路线进行野外实地填图，勾绘地质界线。填图路线的布置以能够控制地质体的边界线为准则，其疏密程度取决于地质调查比例尺的大小和填图区的地质地貌情况的复杂程度。填图路线的确定一般有两种方法：一是大致垂直于（横穿）填图区的岩层和构造线的走向布置路线，称为穿越法；二是沿各地质体界线或对其他地质现象进行追索观察，称为追索法。

在野外填图过程中一般以穿越法为主，并辅以追索法。将各条填图路线中的各观察点，根据所观测到的内容（如岩性）的相似性、地质体产状及区域地质构造现象等，并按所确定的填图单位，合理地互相连接起来便圈绘出了填图区域内的地质体和地质现象，形成了野外地质图（原始地质草图）。

通过定点观察，在图上勾绘实际看到的地质界线及其延伸。观察不到的，按"V"字形法则填绘在地形图上，这一过程即勾绘地质界线。勾绘的准确程度直接影响地质构造形态特征的真实性，是地质填图的关键工作。

为了保证尽可能高的精度，必须在野外实地勾绘清楚。

如果地质界面的产状稳定，可采用顺构造线合理延伸的方式进行勾绘。如果界线情况复杂，需要用地质界线目测法勾绘。目测法是在有一定实践经验后，综合应用"V"字形法则，根据植被、地形地貌、岩层颜色等多种参照物勾绘地质图,例如 T_3x 炭质页岩和 T_3x^2 的砂岩的地质分界线,就是一条十分明显的岩性地貌界线，在野外可根据砂岩的陡坎地形和松林的分布方向进行地质界线的勾绘。

此外，还可利用航空照片、卫星相片、地球物理方法勾绘地质界线和圈定地质体。

（3）室内综合整理。在填图过程中所使用的地形底图比例尺一般比要求完成的地质图的比例尺大 1 倍。因此，野外填绘的原始地质草图必须经过缩制转绘，并进行各野外图幅之间地质界线的合理衔接，根据要求补充和完善图面内容，才能形成一份完整的地质图。

3. 填图结果

地质图的野外填绘工作完成之后，随即进行室内的清绘和整理工作。当一天的野外填绘工作完成之后,就应立即对当天的勾绘界线做一次清绘，核对所定的各个点的产状数据、点位、高程、文字记录内容，修饰素描图，检查记录表格是否有遗漏。核实无误后，对地质界线上墨（用虚点线）。所测的各点产状要按规定的符号尺寸标定在点位上。

清绘、整饰后的地质图应该说是一幅内容丰富的实际材料图，它是各种地质图件的基础，常常把它作为底图。

当底图完成之后，叠一张透明纸在底图上，用铅笔描出图框线、坐标网格、河流、公路、主要的居民点、主要的地形等高线（只画计曲线）、地质界线、断层线、岩层产状标注、地层时代符号、剖面线及编号，为了使图清洁美观，减轻图面负担，最好是先写字再绘线条。等高线上的标高，最多写上两排，地层代号不宜写得太多，图上主要突出地质界线、构造线和断层线。

待上述内容完成，经核对检查无误后再用绘图笔上色，按规定的色谱作色，最后按规定写上图名、比例尺、图例和责任表。这样，一幅地质图填图就完成了（见图 2.5-1）。

8

地貌主要类型与区划

8.1　地貌的观察与描述方法

地貌在自然环境中的基本作用是通过坡度、坡向、海拔和相对位置改变了水热条件的再分配方式，调整了其他环境要素在地表的赋存和分布聚集条件。根据地貌单元的类型、分布、相互关系或营力方式，确定观察的顺序和着眼点，准确使用地貌术语描述地表形态，是野外工作的必备技能。

1. 常见地貌形态

地貌的形态分为基本形态和形态组合。基本形态是指那些成因单纯、体积小、单个分布的地貌形态。形态组合是指在空间分布上有一定的规律、在成因上有联系、在形态上无联系的地貌组合在一起。

（1）地貌的定性描述。

地貌形态的定量描述采用 GPS 等测绘工具提供的点、线、面和体积等数据。然而，从总体上的定性认识也必不可少。地貌形态定性描述主要用它的位置（如高、低、平、陡、缓等）、几何形状（如扇形、三角形、锥形、圆形、线形或阶梯状等）、体积大小（如长、宽、高等）、空间分布形式（如点状、线状、带状、分散、集聚等）、表面起伏形态（如平顶状、盾状、锯齿状、平坦状、波状或阶梯状等）及地面的切割程度（如强烈、中度或微弱）来表示。

（2）地貌的基本单元。

流域是指出水口上游分水岭以内的区域（图 8.1-1），同一流域的水文过程具有统一性，因此流域是基本的地貌组合单元。从流域分界线的最高点到出水断面的沟底高程差，从图中可清晰看到切割深度（132～228.5 m）。

一个流域内常见山峰、山脊、鞍部、山坡、各级沟谷和河流地貌的组合。

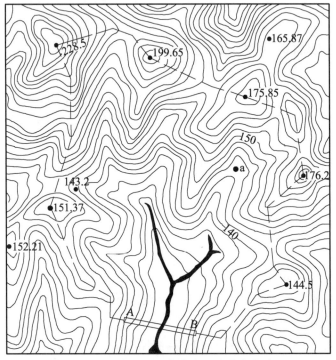

图 8.1-1　地形图上流域边界的确定方法

在野外地貌观测点上，首先得到的是关于地貌形态组合的印象。大多数情况下，视野所及的范围非常广阔，而要进行观测的地貌现象往往是其中一个小区域，因此进行描述时要遵循由大到小、从面到点的原则。首先对大的地貌形态进行描述，如山地、平原、盆地等；然后描述次一级的地貌形态，如单面山、分水岭、洪积扇等；最后描述微地貌形态特征，如山坡的形状、阶地要素等。例如，对河谷的观测应首先描述河床、河漫滩和阶地，然后描述谷坡和山坡形态等（图 8.1-2）。

地貌组合描述要突出其总体起伏特征、地貌类别和空间分布状况等。例如，太行山山前地带是由若干洪积扇组合而成的洪积平原，其中每一个洪积扇的描述可根据上述内容；而对于洪积平原这一组合地貌形态则可描述为纵向向东倾斜、横向为起伏和缓的呈条带状分布的倾斜洪积平原。

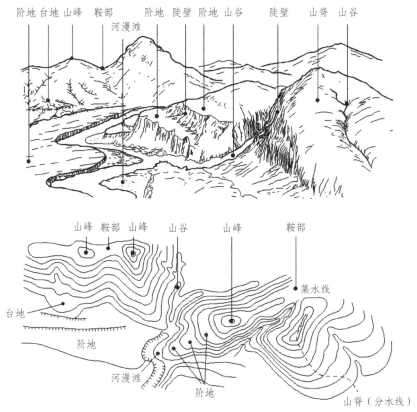

阶地 台地 山峰 鞍部　　阶地 陡壁 阶地 山谷　　陡壁　　山脊 山谷
河漫滩

山峰 鞍部 山峰　　山谷　　山峰　　　鞍部
集水线
台地
阶地
河漫滩
阶地
山脊（分水线）

图 8.1-2　景观与地形图上地貌部位名称

（3）地貌测量。

地貌形态的测量即运用地质罗盘、GPS、气压高度表、皮尺及两脚规等简单仪器测量地貌的形态特征，以获得地貌形态的有关数据。测量的主要内容有高度、坡度、坡长及地面切割强度和切割深度等。

2. 山地地貌的分类

陆地地貌最基本的分类是平地和坡地。常见平地有平原、高原面、台地、阶地等，坡地的常见组合形态是丘陵和山地。

按海拔和相对高度，山地常分为低山、中山、高山和极高山（表 8.1-1）。

表 8.1-1 山地分类

山地名称		绝对高度/m	相对高度/m	备注
极高山		>5 000	>5 000	其界线大致与现代冰川位置和雪线相符
高山	高山	3 500~5 000	>1 000	以构造作用为主,具有强烈的冰川刨蚀切割作用
	中高山		500~1 000	
	低高山		200~500	
中山	高中山	1 000~3 500	>1 000	以构造作用为主,具有强烈的剥蚀切割作用和部分的冰川刨蚀作用
	中山		500~1 000	
	低中山		200~500	
低山	中低山	500~1 000	500~1 000	以构造作用为主,受长期强烈剥蚀切割作用
	低山		200~500	
丘陵		<500	<100	

3. 地貌野外观察方法

现代地貌过程对生产和生活有着重要的影响,特别是崩塌、滑坡、泥石流、塌陷、水土流失、边岸冲刷、沙丘移动及泥沙淤积等各种地貌过程。

现代地貌过程的野外观测,一方面要注意现代内力作用过程(即新构造运动)及其表现,如活性断裂、地面变形、地面沉降及水系变迁等;另一方面还要注意与现代地貌现象有关的其他自然地理要素,如气候、水文、植被和土壤等内容。

野外地貌观察和描述包括如下内容:

(1)明确地貌自身形态及其组合、层次关系。

在一个地貌观测点,应当从大到小,从面到点进行观察。

首先要确定视野内有哪几种较大的地貌类型,观察者位于哪种地貌类型中。例如在断陷盆地进行地貌调查,当位于盆地当中一个观测点时,举目远眺可以看到山地、夷平面、发育有台地的山坡、山麓的洪积扇盆地平原、河流阶地、沙丘等等。然后确定观察者大体处在哪一种地貌类型中,那么周围其余的地貌类型形成的地貌组合就构成了所要观察的具体地貌体或地貌点的背景。观察者对此有了明确的认识,便可沿着一条清晰的思路和线索，进一步对地貌点进行观察和思索。地貌观察点经常是一个中等地貌体，如阶地、洪积扇、冰碛垄、沙丘等。对它们的形态包括地貌体的长度、宽度、高度，主要地貌标志点的高程、坡度等地貌要素，要尽可能全面地观察和描述。还应注意地貌体的起伏变化、叠加的地貌类型，以及地貌体被切割破坏的程度等。

个较大的地貌体往往是由一些次一级地貌类型组合而成的。例如一个低缓的丘陵，可能其顶部保存有古喀斯特的溶蚀洼地，斜坡上保存有古湖滨地带的浪蚀陡崖，陡崖的某些地方被切割在坡脚形成小型的冲积锥等。

所有这些地貌类型出现的部位，主要形态指标都要加以描述和记录。不要忽视地貌形态的细节或小的地貌形态，可能一些不引人注意的微地貌形态就反映了重要的地貌过程。青海湖南岸的低山山坡被剥蚀得十分光滑，几乎看不到任何异常。但仔细观察，可发现高出湖面 100 多米的山坡上散布着一些浅湖地带形成的碳酸钙沉积物碎块，其中含贝壳化石。原来湖岸的形态已完全不复存在，可是把山坡发现这种碳酸钙沉积的位置连接起来，大致在一个平面上，证明这里曾是湖滨地带。

总之，地貌调查必须从形态的观察开始，记录那些最基本的数据，仔细搜索地貌形态的变化和异常，从而提出问题，发现问题，搜索解决问题的证据。

（2）物质组成揭示地貌发育信息。

确定这些地貌类型的成因必须详细观察和分析地貌构成物质。构成地貌体的物质分为基岩和松散沉积物，大多数地貌体由两者共同组成。

完全由基岩构成的地貌，要观察和记录基岩的产状、岩性、断层、风化面以及它们与地貌体表面之间的关系，追索这种关系延续的情况。例如野外发现一个石英砂岩形成的陡崖，陡崖下发育一些倒石锥或坡积物，并向外过渡为河流沉积物。陡崖可能由于岩性坚硬造成，也可能由断层形成。这时需要追索陡崖延伸的情况。

地貌体由松散沉积物构成时，需根据沉积物的岩性、结构特征尽可能在野外确定其成因类型。松散沉积物构成的地貌体易于受其他营力的破坏，与形成初期形态相比，可能已经面目全非了。许多地貌形态是多次破坏、改造、叠加而成的，必须弄清这些沉积物之间的关系，才能正确恢复地貌发育历史。

侵蚀切割较强的地区，比较容易观察到新鲜剖面。野外工作前，应当通过仔细判读地形图大致确定哪些地方可能发现较好的露头。寻找能够解释该区地貌发育过程的典型剖面是野外地貌调查最重要的内容。每个观测点发现的松散沉积物都应根据野外岩性观察和结构分析方法大致确定其成因类型。必要时还需采集样品进行实验室测定。通过两方面的资料确定地貌成因及其演化过程。

（3）地貌类型的组合关系。

地貌类型的空间变化、各地貌类型之间的接触关系、组合特点也是野外地貌观察的重要内容。

地貌类型的组合有两种，一种是同一成因系列的地貌类型组合。例如平原河流地貌，其地貌组合包括河床、河漫滩、阶地、天然堤、牛轭湖等。山谷冰川会形成冰斗、冰槽谷、侧碛堤、终碛垄、冰水扇等地貌组合。

另一种地貌组合是不同成因类型的地貌组合关系。例如山麓地带、湖滨和海岸带的地貌可能是几种地质营力综合作用的结果，其地貌组合关系复杂，地貌形态和沉积物特征是两种营力或更多营力相互作用的结果，缺乏代表性，比较难于识别。靠近山麓的湖滨地带，受洪积作用影响较大，洪积扇和湖滨阶地相重叠，沉积物也具有双重特征。在这种地区工作，可先寻找典型的地貌形态和典型的沉积物剖面，然后向另一个地质营力作用区追索，便可查明它们之间相互作用的关系。山麓地带是山地与平原的交界处，它们之间的过渡关系多种多样，可以是陡壁、缓坡，也可能是坡积裙、倒石锥、洪积扇等连接山地与平原两个地貌类型。不同的组合关系反映了不同的地貌发育过程。这种大地貌单元交界地带的地貌组合关系是该区地貌历史的最好记录，应予以特别的注意。

（4）自然环境与现代地貌过程。

目前的自然环境和地貌作用是地貌研究的标尺和起点。将今论古，能够比较过去的地貌发育历史，推断未来的发展趋势。

地貌调查中要随时注意观测点周围的自然景观、植被、土壤、水文等自然环境条件，其中包括观测点所处的自然地带、植被类型、植被覆盖程度、土壤类型、土壤发育程度、地下水深度、河水流量、流速、含沙量、湖水矿化度、湖水中的动植物、湖泊周围植被分布和生长特点、地面的风化类型和程度等。这些自然环境特征代表了目前地貌发育的条件，如果过去的地貌类型不可能在目前自然条件下形成，就说明了自然环境的变迁。

现代地貌过程在地貌调查中占有十分重要的地位，特别是专门的地貌调查，如滑坡、泥石流、沙漠化、水土流失、河床演变、水库淤积、海岸冲刷、砂矿勘探等调查任务中，现代地貌过程是重要的调查内容之一。

现代地貌过程的调查目的在于了解危害人类或有利于人类的地貌过程的强度、速度、作用方式、特点等规律，从而预测其危险性及发展趋势，制定防治措施等。

（5）调查、访问。

每个样点上有剖面观察和物质成分采集的野外工作。

野外地貌调查还要借助于对附近居民的调查、访问等。当地居民最熟悉他们所生活的地区，他们长期居住在那里，掌握当地地貌现象和变化情况。这些资料能提供进一步调查的线索和某些地貌现象的合理解释。

初次到一个地区进行地貌调查，总会遇到一些陌生现象，需要花费时间去探明地貌的过程，而当地居民可能对这些现象已司空见惯、习以为常，向他们询问一下往往能使问题迎刃而解。化石地点、旧石器地点或者活动断层等访问更有价值。一些重要的化石地点、古人类遗址都是通过这种方法发现的。

（6）记录。

野外观察所见到的剖面、地貌现象、测量数据要详细地记录下来，这样才能真正取得第一手资料。

记录的方式有文字记录，绘制剖面图、素描图，照相，录像，填图等几种。依照地质野外记录方法，地貌观测时也形成文字记录和绘制小型剖面图、素描图。文字记录包括日期、地点、观测点的具体位置，把地貌观测点所观察到的内容详细记录下来。通过观察得到的初步结论、推论也应随时记录下来。野外记录不仅要能供自己以后室内整理和研究之用，还要能被别人使用和参考。因此，记录要清楚、明了，一般遵循以下原则：

① 观测点的位置具体、明确。

② 文字与剖面图、素描图的对应关系要写清楚。

③ 描述事实力求准确、简要而又没有遗漏。

④ 观测点的编号要统一。

⑤ 记录要保存一段时间，便于问题追溯。

8.2 构造地貌

构造地貌（Tectonic Landform）是构造运动起主导作用形成的地貌形态。野外观察时，不但可以从构造因素角度来解释、推断现代地貌的成因及形态，还可根据现有地貌形态来分析地壳的构造。构造地貌可分为三个主要等级：第一级是整个地球的形状以及大陆和洋盆，是源自地球内部和宇宙性的动力作用下形成的地球表面最大地貌单元；第二级是山地与平原，是以内力为主的作用下形成的地貌单元；第三级是方山、单面山、猪背山等，是叠加在第二级地貌之上，主要是地质构造受外动力地质作用剥露的地貌形态。

分析构造地貌时不能忽略外力因素的叠加影响。

1. 夷平面

夷平面（Planation Surface），又称均夷面（Graded Surface），是地壳在长期稳定的条件下，各种外动力地质作用对地面进行剥蚀与堆积的过程中形成的一个近似平坦的地面。

长期构造稳定的地区，坡地发育可以达到最终阶段，即准平原或剥蚀平原。准平原为和缓起伏的地貌形态，剥蚀平原是微倾斜的基岩平原，上面残留一些岛状小丘。残留的准平原称为夷平面，残留的剥蚀平原称为剥蚀面。它们代表了地貌发育过程中长期稳定的阶段。因此，这个统一的夷平面各个部分的成因和性质是很复杂的，既包括剥蚀面（如侵蚀面、山足剥蚀面、海蚀面、溶蚀面、风蚀面），也包括相关沉积面（堆积面）。各类剥蚀面、堆积面间的关系是逐渐过渡、互相交错的。同一时期形成的多成因夷平面，组合在一起就成为一个广大的、自内陆向海倾斜的统一的夷平面。

夷平面是一个广大地区的构造长期稳定、地貌发育成熟的产物，因此标志着一个重要而巨大的地貌发育阶段。一个夷平面的形成需要很长的时间，世界上现有较典型的夷平面都是第四纪以前形成的。夷平面被抬升以后即成为残留在山坡或山顶的古夷平面，若地面下沉后常被掩埋于地下而成埋藏古夷平面。山地夷平面是农牧业、城镇工厂和道路的主要利用地，有些矿产（如古砂矿，与风化壳有关的铝土矿、镍矿）也分布在夷平面上。

在野外第四纪夷平面上可以找到早期的冲积层或残积层。夷平面较宽广，大小相差悬殊。由于新构造运动，夷平面在中新生代盆地边缘极为发育。夷平面与河流阶地极为相似，可以与阶地对应。地壳的间歇性抬升，可形成不同级别的夷平面，它是地壳间歇性抬升的标志。有时，由于新构造断裂的掀斜破坏，使得不同级夷平面处在不同的高差位置上。

存留在山顶上的夷平面，一般会有较山顶平坦的山顶面或大致相同的山脊高度，甚至表现为平顶山形态（图 8.2-1）。保存得比较完整的山顶夷平面，边缘受到沟道侵蚀，但内部还残存着流水搬运的砾石，有一定的磨圆度和粗略的分选性，来源明显区别于起伏基岩的成分，这是前期地壳稳定时受流水影响明显，上升期快速而均匀的结果。

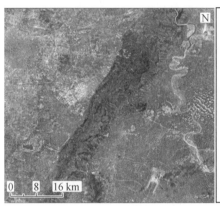

（a）夷平面影像

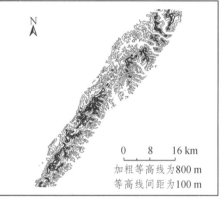

（b）夷平面等高线

（c）夷平面景观

图 8.2-1　夷平面

华北地区的地文期、北台期、唐县期都是夷平面的形成时期。它们是古近纪形成的准平原，现在大多只在山顶残留一小部分。青海湖西北部山麓地带，湟水河谷地北岸高 300～3 200 m 的山麓地带都保存有典型的准平原地形。它们大致形成于古近纪甚至白垩纪。山东半岛和辽东半岛也是长期稳定的地块，它们靠近海洋，气候比较湿润，长期的剥蚀使这些地区有发育典型的准平原地形的条件。在这些地区进行地貌调查时，要特别注意夷平面和侵蚀面。

夷平面的观察内容包括以下几方面：

（1）夷平面或剥蚀面的起伏形态、高度、范围、高程等。

（2）基岩产状，夷平面和剥蚀面与地层层面是否一致，它们是否切过了不同岩性的地层。

（3）夷平面、剥蚀面与其他地貌单元的关系。

（4）夷平面、剥蚀面之上有无相应的松散沉积物残留，如果发现原来的沉积物，要描述其产状、岩性、厚度及分布情况。

（5）夷平面、剥蚀面后期被侵蚀破坏的情况，风化程度等。

对调查区的夷平面、剥蚀面调查后应分析夷平面、剥蚀面形成的时期，后期变形及被构造运动错断的情况，它们后期侵蚀、切割的程度，夷平面与其他地貌类型的组合关系及形成的先后次序，以及夷平面与剥蚀面的形成同砂矿富集的关系。

2. 单面山

在单斜构造和褶曲的两翼部位，岩层倾角若小于 30°，沿岩层走向延伸的山岭形成具有明显的不对称两坡，为单面山（Monoclinal Mountain）。与岩层倾向一致的一坡，坡度平缓，称为后坡。与岩层倾向相反的一坡，坡度陡峭，称为前坡。

图 8.2-2 清晰地反映了发育在推覆构造前端的单面山地貌。山岭走向东北-西南，向西北方向倾斜的一坡，坡短且陡，影像上呈现暗色，在地形图上等高线平直而密集。单面山的东南一侧山坡，坡度平缓，等高线较稀疏。组成山坡的两种不同性质的岩层，分别表现为浅灰和白色色调，山坡上段的岩层性质较硬，反映在地形图上等高线相对平直，而下段岩层性质较弱，地面破碎，表现在等高线图形上呈现弯曲零乱的特征。

从图中还可以看出，从东南往西北，不是由单一的单面山构成，而在沿着该区域总体的构造方向，发育了多重单面山，它们依次排列叠加在一起，形成所谓"叠瓦式构造"。

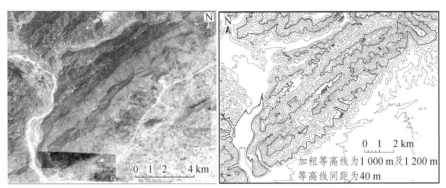

（a）单面山影像　　　　　　　（b）单面山等高线

图 8.2-2　单面山

3. 褶　皱

岩层受力发生波状弯曲，但其连续性没有受到破坏，这种构造变形称为褶皱（Folded Mountain）。弯曲的中心部分叫轴部，两侧部分叫翼，大致平分两翼的对称面叫轴面，轴面与同一褶皱面的交线叫褶皱枢纽，又称枢纽线。两翼对称与否以及褶皱枢纽的空间位置决定褶皱的形状，从而控制了地貌的基本轮廓。对称褶皱两翼岩层对称重复出现。两翼不对称的褶皱，其两侧岩层在地面出露宽度不等，产状也有很大差异。褶皱枢纽水平则两翼岩层平行排列，褶皱枢纽倾斜则形成短轴褶皱，两翼岩层走向必然相交，岩层交会于褶皱的一端，而在另一端向两侧延伸展开。上述两种褶皱形式在地貌上表现很特殊，前者形成平行岭谷的山地丘陵，后者形成山脊呈"之"字形的山地。

图 8.2-3 显示了受褶皱控制的平行岭谷低山丘陵。图中明显地反映出东北-西南走向的系列平行山岭和谷地。山岭呈现条状深色的影像，两列山岭岩层倾向相同，它们中间的谷地色调较淡、色泽均匀，含反射率较高的多处面状、线状地物，表明谷地是农耕主要分布区，城镇、交通密集。总体上高差不大，等高线稀疏，河流基本上沿山脊平行发育。谷地面积宽广，

等高线变化极小，谷地宽度明显大于山脊的宽度，形成所谓"挡槽式构造"的地貌。图的西北部是分布曲流的较低平丘陵区，说明地势相对起伏小，是另一个地貌类型区。

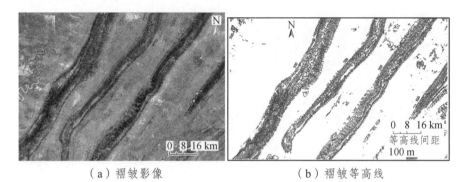

（a）褶皱影像　　　　　　　　（b）褶皱等高线

图 8.2-3　褶皱地貌

4. 断　层

断层是地质构造的一种形式，是岩层的连续性遭到破坏并沿断裂面发生明显的相对移动的一种断裂构造。对于实地观察而言，主要考虑的是那些发生时间距今较近、断裂面倾角较大、移动距离较明显的断层地貌（Block Mountain）。因为这种断层在地貌上表现十分突出，常形成险峻的悬崖峭壁。

影像图［图 8.2-4（a）］显示了山体的主要延伸方向是北东-南西向，受北西方向的挤压，在地台前端的凹陷带发育了北东-南西向的系列断层及北西-南东向的剪切断层。分布在湿润地区的断层崖，如果是以砂岩、页岩等相对松软的沉积岩为主的岩性，崩塌、滑坡发育，减缓了地势的陡升陡降程度，不会像干旱半干旱地区在断层上升的一盘，山坡平直陡峭，形成高大的断层崖。在等高线图［图 8.2-4（b）］上，断层崖的所在位置因平面投影上等高线过于密集或重叠，将用断崖符号单独表示，其他部位则用平直密集的等高线表示。

在部分断层分布区域，还有流水切割断层面形成的断层三角面，沿断层线发育一系列洪积扇，呈条状排列，相互连接构成山麓倾斜平原。断层三角面一般在岩性坚硬、断层发育相对快速的构造区域。而单个的山脊断面，尤其是在下盘特征弱或根本不可见的区域，容易造成误判。

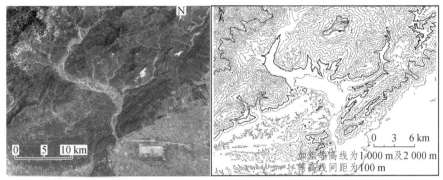

（a）断层影像　　　　　（b）断层等高线

图 8.2-4　断层地貌

5. 新构造地貌

新构造地貌（Neotectonic Geomorphology）是指地貌形成的主导因子是新构造运动，主要强调时间尺度是近期或现代的地貌过程。新构造运动是发生在新地质时期的构造运动，一般指新近纪以来到现在的地壳构造运动。新构造运动导致了地壳的水平移动和升降运动，造成大陆和海洋轮廓的改变，影响气候和生物群的变化，从而导致海陆的地貌形态、堆积物的性质和厚度发生变化。新构造运动与火山、地震、崩塌、滑坡和泥石流等也有密切联系，因此新构造运动对人类的活动影响很大，研究新构造运动，在工农业建设、国防设施、国土规划等方面，都具有很重要的意义。

新构造运动在地质上有以下特征：

（1）第四纪堆积物出现在断层三角面上，表明第四纪堆积物在断层三角面上发生了位移，即第四纪松散堆积物被错断或抬升。

（2）断层缝中可见到第四纪堆积物并在断裂内形成钙华。

（3）同一级夷平面存在高差。

（4）温泉呈带状分布。

（5）河流阶地发育不全或发育不对称。

（6）第四纪中晚期沉积物被错开。

地貌上，新构造运动主要表现为断裂和褶皱两种形态。新构造运动具有明显的继承性，它往往继承老构造而重新运动，尤其是继承中生代晚期和新生代早期的构造运动，即继承了燕山运动和喜马拉雅运动。另一方面，新的构造对老的构造不断进行改造，形成新的构造，即具有新生性。

由于年代较近，地震活动、火山活动造成的新构造运动可通过比较多的遗留证据进行观察。在地层形变和地貌方面也有大量证据，例如：

（1）地层。新地层的变形与变位，新沉积物的成因类型与岩相分布、厚度变化等。厚度较大的、面积较广的新近系-第四系分布区，反映新构造运动以沉降为主；与新近系-第四系堆积区相邻的物源剥蚀区则是新构造运动的相对抬升区。

（2）地貌。构造地貌是新构造运动直接作用的结果，如断层崖、断块山、山脊被错断等。还可由河流地貌反映构造运动，如反映间歇性抬升运动的地貌有多级夷平面、阶地、多层溶洞等，水系的同步弯转、汇流和洪积扇顶点的线状排列等。

（3）图件。在进行地貌相对年代（或时代）分析时，地质图上所反映的地质年代中以新生代以来的地层年代最为重要。因为现在地表表现出来的地貌，主要是这个时代塑造出来的，组成的地层在地表所见大多为第四纪地层。在局部地区，在剖面图中可观察到中生代、古生代甚至更古老的地层。堆积地貌形体主要由第四纪堆积地层所组成，能被大部分或全部保存下来。

此外，可以通过地球物理方法进行大地测量与三角测量、水准测量，通过重力异常、磁异常等地球物理异常反映新构造运动强度。在遥感影像上，断层两侧的地下水和矿物成分往往在光谱上有明显区别。

新构造运动的地貌特征可从以下几个方面进行观察：

（1）山体形态。山脊走向线的突然变化则意味着新构造运动的产生。山脊坡降的突然变化即山体与平原分界不是渐变而是突变则表明新构造断裂的存在。山坡突然出现断层三角面也表明新构造断裂的存在。一般情况下自然坡度是平滑的，侵蚀坡是凹面坡，而剥蚀坡是凸面坡，有时河流侵蚀也可出现侵蚀三角面，一般河流侵蚀三角面只存在侧蚀和下切同时作用时出现，且仅在河流一侧出现，形状呈弧形。而断层三角较平直，可见擦痕和阶步。

正常山体形态是均匀的，并且依次向平原区降低。早期侵蚀和剥蚀作用形成的准平原可见面状水流和线状水流的发育。若地貌形态突然改变则表明新构造断裂的存在。

地貌分界线呈突变状态表明其为新断裂构造的存在。

（2）河流形态。水系发育的密度与地面松软程度有关，地面越松软水系密度越大。水系密度越大水流长度越短，主要决定于原始地形倾斜面的弧顶高度。一般情况下，新构造运动下降区使侵蚀基准上升，使地表水流变长，出现线状水流。水系的分叉角，即支流入主流的汇入角。一般情况下，若原始地形平缓则分叉锐角均指向下游，这与原始地形坡度有关。原始地形坡度越陡，分叉角则越大，直至呈直角。若锐角指向相反，则河流改道锐角所指方向为新构造运动上升区。水系的对称性，主要指河流两侧的支流长度及支流与主流的汇入角是否对称。如果基底是均匀的，而河流两侧水系不均匀对称，则表明水系发育长的地段为新构造运动掀斜隆起区。假若基底不均匀而两侧支流角度对称，则表明新构造基底较硬处斜陷所致。河床纵剖面上，中间出现峡谷，两边出现宽谷，则峡谷部位为新构造隆起区。若新构造隆起幅度未能使河流改道，则隆起区形成跌水、瀑布等，而上游宽谷为剥蚀区下游宽谷为堆积区；若新构造隆起幅度很大，则河流改道断流可形成流向相反的两条河。河流阶地的出现是新构造出现的标志。基座阶地表明新构造运动上升区，而内叠阶地表明新构造运动下降区。冲积扇的叠置形态也能够反映新构造运动的方向和幅度。

新构造的升降导致潜水面的升降变化。随着新构造的升降，导致垂向溶洞发育形成串珠状溶洞。在地貌上岩溶/洞穴的分布与阶地、夷平面存在对应关系。

8.3 河流地貌

流水地貌（Fluvial Landform）是指经地表流水的侵蚀、搬运和堆积作用形成的各种地貌。流水地貌可分为暂时性流水地貌和经常性流水地貌，前者如冲沟、洪积扇等，后者如河谷、河漫滩、三角洲等；还可分为有明显槽床的线性流水地貌和无明显槽床的片状流水地貌，前者又称河流地貌，在各个气候区普遍存在，后者主要出现在干旱区的山麓地带，表面覆盖着薄层的岩石碎屑，形成微缓倾斜的山麓剥蚀平原。

河流地貌是最常见的外营力地貌形态。

1. 河流谷坡

按谷坡的陡峭程度和距离，河谷（River Valley）可分为宽谷（Broad Valley）和峡谷（Canyon）。

峡谷是嵌入岩层很深的河谷，两壁陡峭，谷底狭窄，大多峡谷的底部被水淹没，即是泛称的各种与宽谷相对的谷地形态。但峡谷还有一些特殊形态：

（1）隘谷（Gully）：具有垂直深切的崖壁，谷底宽度与上部大致相同，谷形狭窄，谷坡陡立，谷底完全被水淹没。

（2）嶂谷（Narrow Gorge）：两侧谷坡分得较开，坡麓具有陡壁或有缓坡，谷底部分被水淹没。

图 8.3-1 的影像上，河道都被约束在狭小的宽度内，两岸地势陡峻，东侧谷坡因处于凹岸，河流持续冲刷，山脊发育受到侵蚀，崖面也呈三角形态。图内由于是两条河道的交汇处，西侧支流汇入处有洪积扇，在狭谷山区中，必然成为当地农业、居民点分布的主要地点。等高线图上，狭谷区谷坡的等高线密集而大致平行，谷地内因河流流经或交汇而相对舒缓。狭谷区受地形限制，耕作、交通、居民点、工矿点大都居岸临水，谷坡陡峻而平直，在地貌上受重力、暴雨灾害的潜在威胁相当大。防护的主要途径是提升基建等基础设施的设计标准和施工质量，强化边坡治理，合理布局产业，落实水土保持和水源涵养，按类型做好山地灾害的预报预警。

（a）峡谷影像

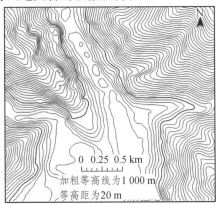

0   0.25   0.5 km

加粗等高线为1 000 m
等高距为20 m

（b）峡谷等高线

图 8.3-1　峡谷地貌

值得注意的是，河谷相互之间所隔开的广阔地段，称为分水岭。在山区，分水岭通常是高峻的山脊；在平原地区，分水岭常表现为较平坦的地形，外表上不是很明显，水仅从一个稍高的地段流向两条不同的河流，这种分水岭，称为河间地块，如松嫩平原和辽河平原附近大量的丘陵漫岗。河间地块本身的地质构成可能是多种多样的，有的原先是构造平原，受相反方向两条河流的切割而成为剥蚀准平原类型，有的原先是洪积扇或阶地，为几条河流同时切割而成了河间地块。河间地块的地表水分别流入各自的河流，地下水也分别补给各自的河流，地表水的分水岭常和地下水的分水岭相一致（岩溶地区除外），地下水位随地形的起伏而起伏。

2. 河流谷底

谷底有以下常见形态：

（1）河床（River Bed）：河床是谷底河水经常流动的地方。

（2）河漫滩（Valley Flat）：分布在河床两侧，经常受洪水淹没的浅滩称为河漫滩，常发育上细下粗的二元结构。

图 8.3-2 所示影像表明，山区地势起伏大，而在图中部的河流凸岸因泥沙堆积形成河漫滩，同时等高线图中这个范围内等高线稀疏的特征也表明地形的变化非常小，所以雨季容易遭受洪水的淹没。但影像也说明，色调较深的植被也覆盖到河道附近，反射率较高和较为规则的纹理两个特征也说明这是人类生产利用的结果。河漫滩高度开发利用，既说明当地垦殖率高，也说明山区耕地面积小，或者采取了修建堤坝等防护措施。

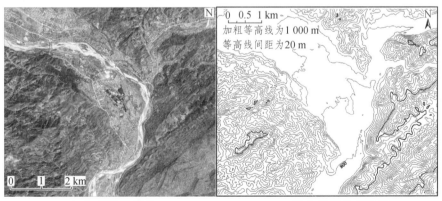

（a）河漫滩影像　　　　　　　（b）河漫滩等高线

图 8.3-2　河漫滩地貌

（3）阶地（River Terrace）：阶地是地壳上升和河流下切形成的地貌。上升过程中有几次停顿的阶段，就形成几级阶地。阶地由河漫滩以上算起，分别称为一级阶地、二级阶地等等。阶地越高，形成的时代越老，这样，高阶地上土的密度就比较大，压缩性也比较低。但是，高阶地靠山坡的一侧也可能有新近堆积的坡积层、洪积层，其压缩性高，结构强度反而低。在低阶地上，土的密度就较高阶地小，地下水位也较浅，特别要注意低阶地上地形比较低洼的地段。这些地方有时积水，生长一些水草，往往曾是河漫滩湖泊和牛轭湖存在的地方。有时河漫滩湖泊或牛轭湖的堆积物埋藏很深，成为透镜体或条带状的淤泥。

依据成因，阶地可分为：① 侵蚀阶地。岩石面上切割出来的阶地，称为侵蚀阶地。这种阶地只有在山区河流中才能见到。② 堆积阶地。河流最早切割成为广阔的河谷，再在其上进行堆积，待地壳上升时，河流在堆积物中所切割出来的阶地，称为堆积阶地。堆积阶地根据堆积的形式又可分为上叠阶地和内叠阶地。河流在切割河床堆积物时，切割的深度逐渐减小，侧向侵蚀也不能达到它原有的范围，这种形式的阶地称为上叠阶地。河流切割河床堆积物时，切割的深度超过了原有堆积物的厚度，甚至切割了基岩，这种形式的阶地称为内叠阶地。③ 基座阶地。岩石面上切割出来的阶地，其上又覆盖着河流的堆积物，这种成因的阶地称为基座阶地。

（4）河曲（Meander）：由于河流侧向侵蚀时，若一岸遇到坚硬岩石，水流冲击坚硬岩石后，由于离心力的作用而冲刷对岸，久而久之，河谷变得弯曲，这样的河谷称为河曲。河流受冲刷的一岸，弧形内侧朝向河床，成为凹岸；其相对的另一岸则为堆积的一岸，弧形内侧反向河床，成为凸岸。

下蚀微弱而基岩相对软弱的地区，河流的曲流形态发育充分、展现完整，多处可见河湾、牛轭湖、废弃的河道等地貌。

同时受构造抬升和河流下切，在坚硬的基岩山区常见深切曲流和离堆山。

（5）洪积扇（Alluvial Fan）：山区河流自山谷流入平原后，流速减低，形成分散的漫流，流水挟带的碎屑物质开始堆积，形成由顶端（山谷出口处）向边缘缓慢倾斜的扇形地貌。洪积扇的出现是山体上升的标志，由于地壳间歇性地不等量上升，可出现类似河流阶地的洪积扇阶地，使得洪积扇轴线向一侧移动导致新老洪积扇向一侧叠置形成不对称形态。

洪积扇顶部堆积物的颗粒粗大，且多呈亚角形，中部颗粒较细，多为块石、碎石、圆砾、角砾及砂等，尾部颗粒更细，多为细砂、粉砂、粉土和粉质黏土等，有时还有淤泥等软土。洪积扇的地下水位在顶部埋藏较深，向中部及尾部变浅，在尾部及边缘地带常出露地表，形成条带状沼泽地。

洪积扇处于与山区相接的地方，其形成与当地新构造运动有关；范围较大，有时可达数万平方千米；除近中心处坡度稍大外，总体坡度较小，外围与平原相接，过渡不明显；常有弯曲的河流出现，有时改道较多，出现错综的河网。

洪积扇常构成冲积平原，例如成都平原就是一个较大的冲积扇。山前洪积扇地区，既有河流堆积地貌，又有河流侵蚀地貌，按抬升和侵蚀之间的关系，后期河流可下切冲积扇，在冲积扇内部形成内置阶地。

3. 河流地貌观察

流水作用在地表塑造过程中是最普遍最经常的因素，除了极地和雪线以上地区，陆地上几乎所有地区都有流水作用。因此河流地貌是地貌调查中最重要的内容。

大气降水最初在坡地形成片状流水，然后汇成线状水流，并开始产生沟谷侵蚀作用。河流谷道中流水的动力过程极为复杂，流水通过侵蚀、搬运和堆积过程，在纵向和横向两个方面塑造出适应当地构造和气候条件的河流地貌类型。

汇水面积大的河流流经不同的构造区和气候带，它们在河源区、山区、山麓区、平原区和河口区的地貌过程和地貌类型都十分不同。

河流地貌的观察内容非常丰富，野外调查中涉及最多的是河流纵剖面、山地河流、阶地、山麓洪积扇、沟谷泥石流、平原区河流、河口地貌和水系等几个方面。

（1）河流纵剖面。

河流纵剖面的绘制方法有两种。根据水文站的河床测量资料，连接各河流断面最低点绘成河床纵剖面线，这种方法得到的剖面线最为准确。另一种方法是根据大比例尺地形图，把图上所标出的水位高程点连接起来，得到的是水面纵剖面线，其精度也能满足研究的需要。

从绘制的河流纵剖面图中，找出比降接近于均衡剖面的河段以及比降不连续的地点。比降异常可能由岩性、断层、构造抬升、向源侵蚀的裂点、河谷宽度的变化、支流的汇入等原因造成。所有这些可能性都要在野外调查中加以证实或否定。

野外观察中要核实以下内容：

① 比降变化地点的河床形态，是否有陡坎、瀑布、浅滩或跌水，它们的形成与岩性和构造的关系。

② 河谷形态与比降变化的关系，如山间盆地、河流峡谷地段河床比降的变化。

③ 支流的汇入与比降变化的关系。

大多数情况下，河床比降的变陡都与构造抬升、断层或岩性变化有关。如果排除了这些因素的影响，说明河流裂点是向源侵蚀达到的位置。根据比降的变化可把河流划分成几个河段，如构造峡谷段、岩性峡谷段、山间盆地段、平原河流段等。这种划分便于从总体上掌握各地段河流发育的主导因素，从而对整个河流的发育背景有一个整体概念，它们是进一步调查与思考问题的基础。

（2）河流阶地。

山区是阶地分布的主要区域。图 8.3-3 所示影像说明，河谷范围中阶地上有稠密的耕地、居民点、交通道路等分布，以不同深度绿色为基色调、个体边界规则、整体呈镶嵌分布的区域主要是耕地，高反照的线状地物是公路等道路交通，以方块排列的高反射区域是居民点。山坡和河谷的纹理和地表覆盖有明显的差异，河谷展宽超过 1 km。等高线图表明，河谷（以

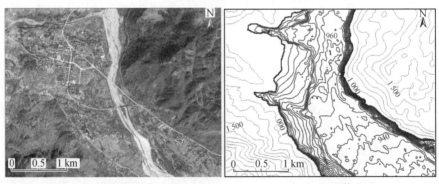

（a）阶地影像   （b）阶地等高线

图 8.3-3 阶地地貌

粗线表示与谷坡的边界）范围内，河道流经的河槽，等高线向上游弯曲而延伸的幅度大。两岸至少有两级阶地，其中一级阶地的等高线间距大、比较宽、距河道最近，以耕地为主；二级阶地紧邻谷坡，阶面向河道倾斜、相对宽度较小，覆压在一级阶地上面，最重要的一个特征是阶地前沿的阶坎十分明显，等高线密集反映了坡度相当大的特点。由于影像上未见山区中有裸露岩石，因此这是一个堆积阶地分布的区域。

山区河流地貌是流水动力、构造运动、岩性、气候、水文变化等多种因素综合作用的结果，地貌类型最为复杂多变，是地貌调查的关键地区之一。阶地和夷平面是该区最有意义的两种地貌类型，它们是上述因素综合作用的产物，保存了各因素相互作用过程的地质记录。

阶地的调查要取得下列有关资料：

① 确定阶地的类型。区别它们属于侵蚀阶地、堆积阶地、基座阶地、内叠阶地、上叠阶地或曲流阶地。

② 测量阶地形态。主要测量指标包括河水面高程、阶地前缘和后缘高度、阶地面的宽度、阶地面倾斜方向、阶地面的起伏等。

③ 阶地的组成。侵蚀阶地要观察基岩的岩性、产状、构造，确定阶地与岩性及构造的关系。基座阶地除观察基岩岩性和构造性质外，还要测量基岩面的形态，它的倾斜和起伏变化，基座以上松散沉积物的厚度、分层、岩性和沉积相。注意划分出河流沉积物之上或其中的其他成因的松散沉积物，如风成沉积、坡积物、崩塌堆积等。在野外应尽可能确定最大洪水位高度和河流沉积物中不同的沉积相，如河床相、河漫滩相、牛轭湖相等，它们是分析河流发育历史的重要依据。

④ 阶地的组合关系。观察各级阶地之间接触和叠复的关系，确定各级阶地发育的部位、发育程度等。注意阶地面的起伏状况，有无天然堤、古河道、牛轭湖、曲流等残留的地貌形态。

⑤ 阶地与其他地貌类型的关系。观察阶地与谷坡的关系，过渡地带有无坡积物、崩塌堆积或其他堆积。查明阶地与谷坡冲沟之间的关系，每一级阶地都有与之相对应的谷坡冲沟。河流从山区进入另一地貌类型时，如进入平原地区或湖泊时，交界地带河流阶地与另一地貌类型区的地貌发育关系密切，要追索河流阶地与其他地貌类型的过渡关系、对应关系等。

⑥ 阶地对比。绘制调查区阶地位相图，分析河流发育历史。

河流阶地的野外调查内容十分丰富，阶地经常是城市和居民点的所在地，或者是优良的农业区，被改造和破坏得比较严重。许多其他成因的地貌类型也与阶地形态相似，比较容易混淆，因此阶地观察中要注意以下问题：

第一，支流或支沟汇入主流的地方，经常发育较好的阶地，其高度比主流阶地要高，阶地面倾斜度大，组成物质较粗。必须把它们与主流阶地加以区分，以免在对比阶地时产生误差。

第二，山区阶地经常是重要的农业区，可能有长期开发的历史，注意阶地被人工改造和破坏的情况，切忌把每一个小陡坎都划成一级阶地，要根据阶地组成物质来划分阶地，否则会造成混乱。

第三，阶地不仅是现在居住的主要地区，古人类也大多居住在阶地上。阶地沉积中往往能发现古人类遗迹、化石等。阶地调查中要注意寻找这些遗迹和线索。

第四，阶地沉积物中比较容易发现动物化石、泥炭、埋藏土、树木等，它们是进行年龄测定的良好标本，要注意寻找和采集，以确定阶地形成时代。沉积物中可以赋存一些重要的砂矿床，如沙金、金刚石、钨砂等，因而是寻找砂矿的重点对象。

第五，山区河流两侧谷坡上，常见残留的古老夷平面，它们与现在河流已无密切关系。可是在河流谷地横剖面测量中，夷平面常是重要的组成部分。现在的河流也往往由夷平面开始下切形成的，所以要观察和描述夷平面的有关内容。

通过野外调查，根据河流阶地的数据和资料应着重总结下列基本问题：

① 河流阶地的级数、类型，调查河段内阶地高度变化所反映的构造运动。

② 各级阶地形成的主导因素，辨别构造、气候、水文变化或向源侵蚀等原因的阶地。

③ 各级阶地发育的程度及其利用价值，阶地沉积物中的矿产。

④ 调查区内河流阶地反映的构造运动总趋势和类型。

⑤ 河流在该区最早出现的时间，发育过程，目前所处的发育阶段及治理措施。

（3）沟谷泥石流。

沟谷泥石流是山坡碎屑物质在暴雨或融雪时突然沿河道搬运、堆积的一种泥石流类型,经常发生在干旱、半干旱区山地河流两侧支沟中。

沟谷泥石流调查内容与坡地泥石流调查基本相同,但沟谷泥石流的规模比较大,搬运距离较远。泥石流停积场所是山麓平原或大河谷底,形成的地貌形态与泥石流中水和固体物质的比例有关。固体含量高于80%以上的泥石流常形成由粗大砾石组成的泥石流堆积扇。扇面上起伏不平,有许多平行于主流方向的条状垄岗,堆积扇的前缘呈舌状,大的砾石集中于泥石流堆积扇的顶部、前缘或两侧。稀性泥石流中固体含量在10%~40%,停积时形成的泥石流堆积扇比较平整,倾斜较小,堆积物有一定分选。这些特征在调查中要注意观察和描述。

(4)山麓洪积扇。

洪积扇上游因断层使山地抬升加强了侵蚀作用,暂时性沟谷流水和季节性河流挟带大量碎屑物质流向谷口,由于地面坡度骤然减缓,于是以谷口为顶点向外围发生堆积,所以扇形地地貌坡度自谷口向外围倾斜减缓。扇形地的表面分布有放射状的沟谷系统(多为干河床),在遥感影像中表现为浅灰色的线状特征。图8.3-4所示影像清楚地表明,河流在出山口的地方发育了宽广的扇状沉积地貌,并且受放射状流水的影响,依赖自然的耕地、居民、交通也以体现了以山口为顶点的放射状特点。在等高线图形上,

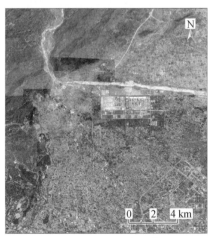

(a)洪积扇影像

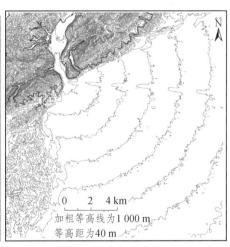

(b)洪积扇等高线

图8.3-4 洪积扇地貌

以谷口为圆心向外，呈半环状弯曲、间距比较均匀的等高线分布也刻画出这种特征，恰与表示谷地的等高线图形相反。图中洪积扇内等高线向山口突出并延伸得比较远的位置是当代河床，河道已受到堤坝约束，以保护洪水期不冲毁洪积扇上肥沃的良田。

洪积扇调查的内容如下：

① 洪积扇形态。测量洪积扇的坡度，从扇顶到扇缘的长度。洪积扇前缘经常有地下水出露或地下水水位较高，居民点常选择在这里。有些地区根据地形图上居民点的分布便可确定洪积扇前缘的位置。洪积扇的长度在干旱地区非常长，有时可达几十千米。

② 洪积扇物质组成。洪积扇组成物质从扇顶向边缘变细。洪积物一般由砂砾层和亚砂土层互层组成，向扇顶方向砾石层变多，向扇缘方向亚砂、亚黏土增多。应观察和描述洪积扇不同部分物质组成、分选、磨圆情况（图 8.3-5）。

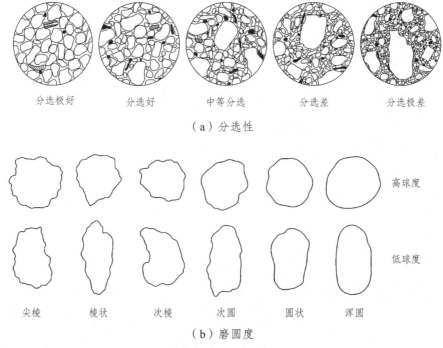

（a）分选性

（b）磨圆度

图 8.3-5　流水作用中砂砾的分选性和磨圆度

③ 洪积扇的切割和变形。洪积扇受构造运动的影响，经常出现切割变形等情况。正常洪积扇大多为半圆形的扇体，当山体沿断层间歇性抬升时，洪积扇被切割、破坏并形成新的洪积扇。新洪积扇顶端与老洪积扇一致，老洪积扇被抬升形成洪积台地。当构造抬升的部位发生变化时，常可形成串珠状洪积扇或其他变形的洪积扇。它们是说明山麓地带构造运动形式的良好证据。

④ 洪积扇与其他地貌类型的组合。在平原地区洪积扇前缘过渡为河流沉积，在地貌形态上没有明显的转折。当洪积扇发育在湖泊边缘时，洪积扇与湖水相接触，前缘的洪积物被改造成为湖相沉积。由于洪积物堆积速度快，湖水的改造作用有限，于是形成分选、磨圆都较差的湖滨相沉积，一时难以辨认。向湖泊方向追索这些沉积物，可以发现它们相变为典型的湖相沉积。

⑤ 洪积扇前缘的自然条件。洪积扇是典型的干旱、半干旱区地貌类型，这里自然条件较差，地下水缺乏。而洪积扇前缘常常是地下水位较高的地方。注意对洪积扇前缘自然条件的调查，确定地下水位高度，可为当地经济发展提供有价值的材料。例如甘肃敦煌是干旱区中的绿洲，农业发达，实际上它位于洪积扇的前缘地带。

对上述内容进行充分调查后，要针对下面的问题做出总结：

① 洪积扇发育的规模与调查区气候条件的关系。

② 洪积扇变形与构造运动的关系。

③ 洪积扇的水文条件及利用价值。

④ 洪积扇与其他地貌类型的相变关系。

⑤ 洪积扇所反映的山麓地带地貌发育历史。

（5）平原区河流。

平原区河流地貌高差变化较小，地形和缓，许多地貌形态被埋藏。平原区是人类主要开发和居住的地区，受人类改造非常广泛，这些特点使野外调查难度加大。平原区河流地貌调查主要搜集下列信息：

① 河床形态。河床为曲流、辫流或地上河。调查河谷的对称性、心滩发育程度、河漫滩高度和宽度、河漫滩侵蚀和堆积状况。

② 河道的平面形态。河道为自由曲流还是直线形，有无突然的转折。河道方向的异常可能反映新构造运动的活动。

③ 河道纵比降。调查河道纵剖面有无裂点存在，裂点形成的原因。

④ 支流特征。两侧支流密度是否相同，支流汇入主流的方向。

⑤ 天然堤。河谷两侧是否发育天然堤，天然堤的高度、宽度和物质组成。

⑥ 古河道。河流改道后废弃的古河道形态、深度和宽度，后期改造情况，有无沙丘发育。

⑦ 河间地。河间地带地形起伏特点，积水洼地和沼泽发育程度，洼地的排水状况，有无盐碱化现象。

⑧ 决口扇。决口扇的规模、位置、发育的密度。决口扇形成的时间，有无沙丘发育。

⑨ 与海岸地貌的关系。沿海平原与海岸沙堤的过渡关系，有无潟湖和沼泽发育。冲积平原上有无贝壳堤，它们的级数、高度、宽度、贝壳种属和风化程度。

⑩ 埋藏地貌。平原区许多地貌被埋藏，地貌调查要配合钻探手段或搜集钻孔资料以判断古河道发育状况，并搜集足够的钻孔资料，绘制平原沉积物剖面图。通过对剖面图和沉积物的相分析确定古河道位置，牛轭湖、沼泽的发育程度，确定埋藏阶地的级数和时代。

汇总信息时，要阐明调查区河流处于下沉状态、稳定阶段或上升阶段；平原区构造变形或断层活动对河流形态的影响；河流决口的可能性，容易决口的位置；平原沉积物中的含水层、含水量；河间地区盐碱地的形成与河流发育的关系及其防治措施；平原区埋藏阶地与山区阶地的对比；海水对沿海平原区的影响，地下水咸化的防治措施；平原区河流地貌形态与水文气候条件的关系。

（6）河口区。

河口区（River Mouth）地貌调查首先要确定潮水位，高潮和低潮线的位置、高差，高潮时海水向河流中延伸的位置，对河水的顶托作用使河流发生壅水现象，影响最远点的位置。河口区地貌调查一般集中于三角洲（Delta）地区，这里河道纵横，分汊频繁，地形极为平坦。地貌调查需要结合历史资料、考古资料和访问调查资料。地貌调查的主要内容：

① 河口沙嘴、沙堤的位置，长度和宽度，每年前进的速度。

② 根据历史资料确定不同时代三角洲前缘的位置及形态的变化。

③ 潮汐性质，潮差，河水流量，含沙量。

④ 根据海相沉积物（如贝壳堤、海滨沙丘、海滨沙滩）位置确定古海岸线及其形成时代。确定河口三角洲的范围，不同时期三角洲的形态。

⑤ 三角洲上的小地貌形态，如天然堤、河间沼泽地、潟湖等，测定它们的有关数据。

⑥ 三角洲地下水高度，咸水层位置三角洲地区沼泽、湖泊比较发育，不同时期形成的三角洲可以通过采集样品测定其 ^{14}C 年龄，从而测定三角洲发展速度。

三角洲调查获得的资料最终要能说明三角洲属于哪种类型，三角洲前进速度，三角洲形成过程，海面变化对三角洲发育的影响，构造运动的影响，三角洲今后发展的趋势。根据这些结论，结合当地生产发展的需要，提出三角洲开发利用方案。

（7）水系形态。

河流发育作为一种外力过程，它所形成的水系具有一定的规则形状。如果发育过程中受到构造或岩性的影响，便会出现各种组合形态的水系。水系之间很少发生相互作用，由于构造运动或侵蚀速度的影响，使一个水系袭夺了另一部分水系，成为河流袭夺。这些都是河流地貌调查中不可忽视的内容。调查方法如下：

① 野外调查中，从一个观测点只能看到河流的一小部分，不可能把握整个水系的形状。所以事先要从地形图上了解水系特征。如果水系呈格子状，野外要注意基岩节理的方向和断层等。放射状水系则要调查放射中心是否为隆起地区或火山锥等。这种调查要从河流各种具体地貌形态入手，然后综合分析，找出其原因。

② 河流的不同河段河谷形态也不同，这种情况尤其在大河中十分普遍，往往是峡谷段和开阔段相间。注意调查峡谷段的岩性、阶地发育特征，调查开阔盆地与两侧山地的构造关系。峡谷段一般是由于岩性坚硬或构造抬升引起，开阔段则是构造下沉的结果。一些河流甚至反复出现上述峡谷-宽谷相间分布的形态，成为"串珠状分布"的谷地形态。

③ 正常情况下，支流汇入主流是锐角相交，主流和支流的流向一致，而且支流汇入主流一定选择最近路径。如果出现相反情况，说明存在新构造运动的影响。

④ 河流切过平移断层时会出现错断，注意调查与其平行的河流是否也有这种现象。河流被错扭地点的连线即为断层位置，然后进一步寻找断层存在的直接证据。

⑤ 河流袭夺现象在野外并不多见，属于自然界的奇观之一。如果发现开阔的河谷和纤细的水流两者不协调的现象，应向上游追索是否存在风口、袭夺弯等地形。发现这些证据，即可断定曾发生过河流袭夺。青海湖曾有注入黄河的水道，以后青海湖南山的抬升使河道断流，河流反向流入青海湖，青海湖也成为内陆湖。河流断流处保存了很好的风口地形。

水系与河谷形态的调查目的在于确定新构造运动的性质，调查不仅要确定水系的平面分布特征，还要研究河流地貌的具体形态特征及其变化，对河流沉积物也要做统计测量，总结所有资料和数据，才能得到最后的结论。

8.4 坡地地貌

坡地是地貌最基本的形态，平坦地面和垂直陡壁是地貌组成中最原始最极端的坡地形态。外力作用促使地貌形成平坦地面，内力作用则经常形成一些陡直的斜坡，两者相互作用形成了千姿百态的地貌形态。

坡地发育有两个阶段。风化阶段，坡地经过各种风化作用，表层的物质变得破碎、松散，为进一步搬运提供了物质条件；搬运阶段，坡地上部的破碎物质受重力及水（地表水及地下水）的作用，发生不同形式的位移堆积在坡脚或山麓，形成不同的地貌形态，如滑坡、倒石堆、岩屑锥、泥石流等。在道路工程、露天开采工程和水利工程建设中，确定边坡、库岸等的稳定性是坡地地貌研究的一项重要课题。

坡地地貌调查的主要内容有堆积物等组成成分和滑坡、坡地泥石流、坡面侵蚀、剥蚀面等过程或现象。

第四纪堆积物的来源比较广泛（表 8.4-1），反映了不同的地表过程以及重力作用，下面介绍常见的地貌堆积物。

表 8.4-1　第四纪堆积物成因分类

成因	成因类型	主导地质作用
风化残积	残积	物理风化、化学风化作用
重力堆积	坠积	较长期的重力作用
	崩塌堆积	短促间发生的重力破坏作用
	滑坡堆积	大型斜坡块体重力破坏作用
	土溜	小型斜坡块体表面的重力破坏作用
大陆流水堆积	坡积	斜坡上雨水、雪水间有重力的长期搬运、堆积作用
	洪积	短期内大量地表水流搬运、堆积作用
	冲积	长期的地表水流沿河谷搬运、堆积作用
	三角洲堆积（河～湖）	河水、湖水混合堆积作用
	湖泊堆积	浅水型的静水堆积作用
	沼泽堆积	潜水型的静水堆积作用

1. 坡面沉积物

沉积物（Sediment）是指沉积在陆地或水体中的松散碎屑物质、有机物质和化学沉淀物，如砾石、砂、黏土、灰泥、生物残骸等。它的主要来源是母岩风化的产物，其次是火山喷发物、有机物和宇宙物质等。坡地面上的沉积物主要有残积物（Residue）和坡积物（Talus）。

（1）残积物。

岩石表面经物理风化作用、化学风化作用而残留在原地的碎屑物称为残积物。残积物在形成的初期，上部颗粒较细，下部颗粒粗大，但由于雨水或雪水的淋漓，细小碎屑被带走，形成杂乱的堆积物，没有层理且具有较大的孔隙度。残积物颗粒的粗细决定于母岩的岩性，因此，有些地区残积物是粗大的岩块，而另一些地区可能是细小的碎屑。残积物没有经过水平的位移，颗粒具有明显的棱角，但由于大的岩块受到重力作用，在下坠过程中可能将周围小的岩块挤出，产生缓慢的、微小的水平位移。

残积物的成分与母岩的岩性密切相关，如花岗岩的残积物中，长石常分解成黏土矿物，石英常破碎成细砂，石灰岩的残积物则往往成为红黏土。残积物的厚度取决于它的残积条件，山丘顶部常被侵蚀而厚度较小，山谷低洼处则厚度较大，山坡上往往是粗大的岩块。由于山区原始地形变化较

145

大和岩石风化程度不一，因而在很小的范围内，厚度的变化很大。

残积物一般透水性较强，以致残积物中一般无地下水，但当堆积在低洼地段而下伏母岩又为不透水层时，则有上层滞水出现。

（2）坡积物。

高处的风化碎屑物由于雨水或雪水的搬运，或者由于本身的重力作用，堆积在斜坡或坡脚，这种堆积物称为坡积物。坡积物的岩性成分是多种多样的，但与高处的岩性组成有直接关系。由于重力作用，比较粗大的颗粒一般堆积在紧靠斜坡的部位，而细小的颗粒则分布在离开斜坡稍远的地方。

坡积层中的地下水一般属于潜水，在坡积物非常复杂的地区，有时形成上层滞水。坡积物的厚度变化较大，从几厘米到一二十米，在斜坡较陡的地段厚度较薄，在坡脚地段堆积较厚。一般当斜坡的坡度越陡时，坡脚坡积物的范围越大。

坡积物的调查对说明调查区地貌发育历史有一定辅助作用。野外要正确识别坡积物，它主要有下列特征：

① 分布于山麓地带，沉积厚度中部最大，向上和向下尖灭。

② 坡积物剖面中，物质颗粒由下向上变细，底部可能有巨大的岩石碎块，它们是山坡发育初期崩塌作用形成的。

③ 坡积物中存在水流作用形成的层理，层理面向山倾斜。在同一层中靠近山坡部分颗粒粗大，向山外变细。坡积物剖面上经常能看到由岩石碎后形成的薄层透镜体，它们是降雨强度较大时冲刷下来的。但是其中绝不含粗大的具有一定磨圆度的砾石透镜体或夹层，这是坡积物与洪积物的重要区别。

④ 坡积物中常有成土作用或风化作用的痕迹，具大孔隙，垂直节理发育，颜色多为灰黄色。

⑤ 含陆生蜗牛和啮齿类化石。

（3）洪积物。

山区或高地上的暂时水流将大量的风化碎屑物挟带下来，堆积在前缘的平缓地带，这种堆积物称为洪积物（Diluvium）。

洪积物具有一定的分选作用。距山区或高地近的地方，堆积物的颗粒粗大，碎块多呈亚角形；离山区或高地较远的地方，堆积物的颗粒逐渐变细，颗粒形状由亚角形逐渐变成亚圆形或圆形。在离山区或高地更远一些的地方，洪积物中则往往有淤泥等细颗粒土的分布。但是，由于每次暂时水流的搬运能力不等，在粗大颗粒的孔隙中往往填充了细小颗粒，而在细小颗粒层中有时会出现粗大的颗粒，粗细颗粒间没有明显的分界线。

洪积物具有比较明显的层理，但在靠山区或高地近的地方，层理紊乱，往往成为交错层理；在离山区或高地远的地方，层理逐渐清楚，一般成为水平层理或湍流层的交错层理。

洪积物中的地下水一般属于潜水，由山区或高地前缘向平原补给。由于山区或高地前缘地形高，潜水埋藏深，离山区或高地较远的地方，地形低，潜水浅；在局部低洼地段，潜水可能溢出地表。此外，如粗大颗粒的洪积物尖灭在细小颗粒的上面时，潜水也可能在粗细颗粒的交接处溢出地表。

洪积物的厚度一般是离山区或高地近的地方厚度大，远的地方厚度小，在局部范围内的变化不大。

（4）倒石堆和坡积裙。

经粗略的分选，倒石堆（Talus）中重、大的堆积物在下坡方向。坡积裙（Talus Fan）是由山坡上的面流将风化碎屑物质携带到山坡下，并围绕坡脚堆积，形成的裙状地貌。坡积裙的物质组成直接来源于山坡，因此，一般分选性差，细小和粗大的颗粒相互夹杂在一起。有时由于重力作用，粗颗粒堆积在紧邻山麓的地方，细颗粒则堆积得稍远一点。出口在山口，形成洪积扇，容易识别。

（5）冲积物。

河流在平缓地段所堆积下来的碎屑物，称为冲积物（Alluvium）。冲积物根据其形成条件，可分为山区河谷冲积物、平原河谷冲积物和三角洲冲积物。

① 山区河谷冲积物。大部分由卵石、碎石等粗颗粒组成，分选性较差，大小不同的砾石互相交替，成为水平排列的透镜体或不规则的夹层，厚度一般不大。一般地说，山区河谷的堆积物颗粒大，承载力高，但由于河流侧向侵蚀的结果也带来了大量的细小颗粒，特别是当河流两旁有许多冲沟支岔时，这些冲沟支岔带来的细小颗粒往往和冲积的粗大颗粒交错堆积在一起，承载力也因而降低。

②　平原河谷冲积物。河流上游的冲积物一般颗粒粗大，向下游逐渐变细。冲积层一般呈条带状，具有水平层理，有时也呈流水层或湍流层的交错层理。在每一个小层中，岩性的成分就比较均匀，有良好的分选性。

冲积物的颗粒形状一般为亚圆形或圆形，搬运的距离越长，颗粒的浑圆度越好。

平原河谷冲积物可分为河床冲积物、河漫滩冲积物、牛轭湖冲积物和阶地冲积物。河床冲积物、河漫滩冲积物多为磨圆度较好的漂石、卵石、圆砾和各种砂类土，有时也有粉土、黏性土存在。在同一地段上，河漫滩冲积物的粒度一般较河床冲积物小。在同一河漫滩上，靠河床近的冲积物的粒度比距河床远的大。牛轭湖冲积物只有当洪水期间成为溢洪区时才能形成，此时，细砂或粉质黏土就直接覆盖在原来已形成的泥炭或淤泥层上。

阶地冲积物的粒度常较河漫滩的小，一般由粉质黏土、粉土和各种砂土所构成，有时也有卵石、圆砾的夹层。在黄土地区，阶地则往往为各个不同地质时期的黄土所分布。

平原河谷冲积层中的地下水一般为潜水，由高阶地补给低阶地，再由河漫滩补给河水。

平原河谷冲积物（除牛轭湖外）一般是较好的地基。粗颗粒的冲积物其承载力较高，细颗粒的稍低，但要注意冲积砂的密实度和振动液化的问题。

③　三角洲冲积物。三角洲冲积物是河流搬运的大量细小碎屑物在河流入海或入湖的地方堆积而成，一般分为水上及水下两部分。水上部分主要是河床和河漫滩冲积物，如砂、粉土、粉质黏土、黏土等，一般呈层状或透镜体。水下部分则由河流冲积物和海相或湖相的堆积物混合组成，呈倾斜的沉积层。三角洲冲积物中的地下水一般为潜水，埋藏比较浅。

三角洲冲积物的厚度很大，分布面积也很广。由于三角洲冲积物的颗粒均较细，含水量大，土呈饱和状态，承载力较低，有的还有淤泥分布。在三角洲冲积物的最上层，由于经过长期的压实和干燥，形成所谓硬壳，承载力较下面的高。

2. 滑　坡

图 8.4-1 中沿山脊两侧和走向，可见多处清晰山体滑坡（Landslide）。
在影像上，滑坡处因砂砾运移，反射率高，呈现白色或浅灰色的色调，在
形态上呈长条形。一般滑坡受降水影响，表现为单点发生，图上成群密集
分布，是因为山体表层中有大量松软的沉积物和风化物堆积，但主要的原
因是受到地震的诱发。所以，在高度分布上，高山及陡峭山地的滑坡更加
明显，因滑坡总量大，经后期降水，滑坡堆积物抬升了河床。

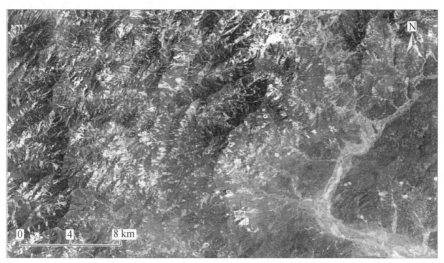

图 8.4-1　地震导致的密集滑坡

（1）野外滑坡判别。

实际上，我们很少见到前面讲到的组成滑坡的各要素、条件及特征齐
全、明显的滑坡。在野外，主要掌握以下识别滑坡或隐患的特征：

① 地形地貌特征：斜坡上常呈圈椅状或马蹄状地貌，或斜坡上出现
异常的台坎、鼻状凸丘、多级平台及斜坡坡脚侵占河床；斜坡上有裂缝，
房屋倾斜、地面及墙体开裂；出现醉汉林及马刀树等。

② 地层岩性特征：斜坡上常有岩、土松脱现象或小型坍塌；含有软
弱夹层的顺向坡，当坡角大于岩层倾角，而岩层倾角又大于 10°时，容易
发生滑坡，岩层倾角为 20°～30°时，滑坡者较多，倾角大于 30°时一般都
会发生滑坡。

③ 水文地质特征：斜坡坡脚常有成排的泉水溢出，以及泉（井）水水量、水质突变等异常现象。

④ 滑坡要素及其迹象特征：滑坡后缘断壁上有顺坡擦痕，前缘土体常被挤出或呈舌状凸起；滑坡两侧常以沟谷或裂面为界；斜坡高处陡坡下部常出现洼地或沼泽。

调查区内如果大型滑坡比较普遍，应作为重要的调查对象。滑坡的发生一定与坡度、水文、岩石结构、岩石性质、气候等客观条件有关。滑坡调查的最终目的是阐明滑坡与这些条件之间的关系，并预测滑坡出现的部位和时间。

调查应从已形成的滑坡体和已经稳定的古滑坡入手，通过对它们的调查了解滑坡形成的原因和稳定条件。调查内容主要有：

① 滑坡体的几何形态、最大宽度、厚度和长度；滑动面的坡度以及延伸情况；滑坡壁的高度及被侵蚀的状况；滑坡体表面的形态、阶坎，树木的特征，是否有马刀树；滑坡体表面是否被侵蚀。

② 紧邻滑坡体背后的斜坡上是否存在环形拉张裂隙，它们延伸的范围、长度和宽度；原始斜坡的地层、岩性特征，哪一层遇水后变软变滑。

③ 地下水条件，含水层部位，降雨时含水层的状况。斜坡上是否有地下水出露点，出露的层位等。

④ 原始斜坡下部被侵蚀的情况，包括人工开挖。

⑤ 气候条件调查，如降雨量、年降雨过程和暴雨集中的季节等；调查访问滑坡形成前后出现的有关现象。

这些调查内容中要特别注意山坡地层的结构和岩性特点，地下水条件和降雨过程，它们与滑坡的出现关系最为密切。调查结束后，应对该区滑坡形成的原因、特征及危害、防治办法提出意见。调查结果的总结中应对下列问题做出结论：

① 滑坡体底部是否存在遇水后变成可塑性或产生滑动的岩层；地下水渗透到可塑性地层中的条件；地质构造，如节理、产状、软硬岩层的组合与山坡坡向的关系，它们对滑坡形成的影响。

② 促使滑坡形成的气候特点；人为破坏、地震、爆破等对滑坡形成的影响。

③ 可能产生新滑坡的地段；已产生缓慢滑动的滑坡运动速度，未来可能产生快速滑动的时间。

（2）滑坡稳定性判别。

在野外，从宏观角度观察滑坡体，可以根据一些外表迹象和特征，粗略地判断它的稳定性。已稳定的老滑坡体有如下特征：

① 滑坡体坡度较缓，地面较平，土体密实无沉陷现象；后壁较高，长满了树木，找不到擦痕；滑坡体两侧的自然冲刷沟切割很深，甚至已达基岩。

② 滑坡前缘的斜坡较缓，土体密实，长满树木，无松散坍塌现象。

③ 前缘迎河部分有被河水冲刷过的迹象，目前的河水已远离滑坡舌部，甚至在舌部外已有漫滩、阶地分布。

不稳定的滑坡具有下列迹象：

① 滑坡体坡度较陡，而且延伸较长，坡面高低不平，后壁不高，有擦痕；滑坡表面有泉水、湿地，且有新生冲沟。

② 滑坡前缘斜坡较陡，土石松散，小型坍塌时有发生，并面临河水冲刷的危险。

③ 滑坡体上无巨大直立树木，前缘有成排或季节性泉水溢出。

④ 滑坡体上建筑物及地面有开裂、倾斜、下坐等现象。

以上标志只是一般而论，较为准确的判断，尚需做出进一步的观察和研究。

3. 泥石流

陡峻的山坡地带，物理风化形成大量碎屑物质时，暴雨季节常常形成坡地泥石流（Debris Flow），尤其在干旱、半干旱区坡地泥石流经常发生。这种泥石流规模和范围较小，但它们发生在山坡上，不是沿沟道搬运，常常造成居民点、道路等的毁坏和人员伤亡。

图 8.4-2 所示遥感影像上显示了峡谷地区泥石流爆发前后沟道堆积物的变化。泥石流从西北方向的支沟汇入东北-西南流向的干流，在水坝下游两河的交汇点堵塞了河道，泥石流到达干流左岸，形成堰塞湖。爆发前支沟内可见耕地及植被覆盖，爆发后均被冲毁。较高反射率的砾石沉积表明了堰塞湖的高度和溃坝后河流的深槽分布。

图 8.4-2　泥石流爆发前后河流堆积的变化

坡地泥石流调查内容包括：

（1）泥石流物源区山坡坡度、风化程度、风化碎屑的厚度。

（2）山坡植被覆盖率、植被种类和固定风化物质的能力。

（3）供给泥石流物质的范围，泥石流运行的路线和速度等。

（4）泥石流的物质组成、停止运动的坡度、堆积的地貌部位。

（5）降雨过程、暴雨的降雨量、降雨强度。

　　根据上述调查内容基本能判断坡地泥石流发生的条件、季节和规模，然后进一步调查该区山地坡度、山坡风化碎屑物质的数量、植被覆盖率等。把上述内容定量表示在平面图上，几种因素叠加，最有利于泥石流产生的部位即为将来可能发生泥石流的地点。

　　坡地泥石流调查后期，应注意总结下列问题：

（1）形成泥石流山坡的岩性特征，遭受风化的程度。

（2）泥石流发生的坡度、坡向和部位。

（3）泥石流运动的速度、流动路线。

（4）泥石流堆积的地貌部位、堆积量、对生产建设和居民的危害程度。

（5）泥石流形成与气候的关系，容易发生泥石流的季节。

（6）可能采取的防治措施。

8.5　人工地貌

人类在改造自然中，改变了某些区域或局部的地表自然形态，展现出以人类的力量为标志的地表特征。例如：填海（湖）造陆、建设工厂和开采矿产；劈山填谷，构筑道路和建造房舍；坡地改梯地、耕地，挖坑来蓄水养鱼；河岸经人工加固、加高，导致堤坝、河床抬高；修筑水库大坝，河道蓄水，建造人工水渠（例如中国古代大运河、成都都江堰渠道灌溉网、现代南水北调中线工程）等。城镇建设几乎完全改变了自然地表面貌。

人工地貌营力对自然环境的干预，概括表现为：

（1）人类对重力的逆向干预。重力是地貌过程的主要外动力之一，但是人类活动可以予以强大的干预，能将巨量土体、沙粒、岩石运移到指定地点，能往高处抽水，这是自然过程没有的。

（2）延缓或者加速自然地貌作用过程。人类的坡改梯、沿等高线耕犁可以减少侵蚀，不合理的开垦和耕作（如顺坡耕作）又可能加快水土流失。

（3）小区域人类活动完全改变局部地貌形体。例如公路、水坝、矿厂等在小范围内进行，单位面积强度高于自然地貌过程许多倍。

（4）破坏自然地貌动态平衡系统。人类活动诱发边坡不稳定，构成不稳定的岩（土）体结构，增加不稳定岩（土）体滑力，降低不稳定岩（土）体的力学强度，诱发滑坡与崩塌。陡坡开垦，加剧水土流失，引起土层变薄，肥力降低，又造成淤积库塘、抬高河床，加剧洪水、滑坡、泥石流灾害等。

（5）人工诱发地震。水库蓄水数十亿至数百亿立方米，并有大量泥沙淤泥，地下水的渗流、循环运动都易于诱发地震。

因此，人工地貌是伴随人类出现就有了的，但面积和地形改变程度在工业化、城市化以后达到了前所未有的新阶段。例如，梯田和桑基鱼塘属于未改变自然地貌的基本形体，而淤地坝、填海（湖）造陆、水库、城市（镇）用地、高速公路等已经改变了局部的自然地貌形体了。

1. 梯　田

梯田是修筑在山地、丘陵斜坡上的阶梯状耕地、水田，大面积集中分布在我国黄土高原、四川盆地和西南山地，其他各地山区也有分布。

梯田可分为水平梯田和倾斜梯田。前者梯田面平整，纵横各方向高程基本相同，后者梯田面呈明显的倾斜或波状起伏。

如图 8.5-1 所示，在等高线图上，一般梯田宽度比较狭窄、依等高线平行分布，需要借助符号来表示。一般地形图上是采用梯田坎符号和加注比高的方法来表示梯田的。水平梯田的梯田坎符号与等高线重合或平行。倾斜梯田的梯田坎符号与等高线相交，其角度随着梯田面的倾斜增大而加大。影像上，梯田集中的区域十分容易识别，它们总是在山坡上比较均匀地呈同心状分布，并且具有细致平行的纹理。

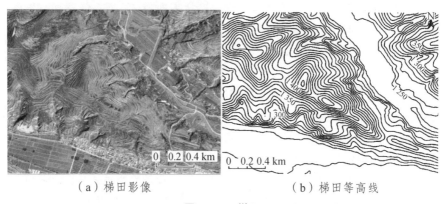

（a）梯田影像　　　　　　　　　（b）梯田等高线

图 8.5-1　梯田

2. 桑基鱼塘

桑基鱼塘是分布在珠江三角洲的一种人工地貌，其地表特征是成群分布的狭长形池塘和池塘间高出池水面数米的宽窄不等的土基交替排列，在影像上构成特殊的斑状图案（图 8.5-2）。桑基鱼塘是珠江三角洲劳动人民在长期生产实践中，合理利用自然条件所创造出的一种特殊的人工地貌。挖地为塘以养鱼，挖塘泥堆成土基，种植桑树（或甘蔗）养蚕，蚕类作为鱼饲料，塘泥又可肥地。

较大比例尺的遥感图上，桑基鱼塘的边界清晰、内部色调非常均匀一致，总体呈规则的镶嵌图形。等高线图表明，桑基鱼塘地区地势低平容易积水，大多数只有几米高的海拔，总体比较平整，部分等高线沿塘间的土基分布。

海边盐田的地貌也非常类似桑基鱼塘。

（a）桑基鱼塘影像

图 8.5-2 桑基鱼塘

（b）桑基鱼塘等高线

3. 黄土区淤地坝

淤地坝是在黄土高原的谷地中，尤其是在干沟、冲沟的沟口或其他部位人工建造的一种横拦谷地的特殊堤坝，用以蓄积径流和泥沙，在一侧开口将蓄积的清水导出作为灌溉或牲畜饮用水源。结果，一方面使谷底淤积了大量泥沙，将谷底由低填高，改变了原来狭窄的 V 字形谷地，形成宽平底面的谷地；另一方面由于筑坝拦水，泥沙淤积建造了新的地方性基准面，减缓了坡降，减弱了水土流失和流水对坡面尤其是谷底的侵蚀。

黄土淤地坝地貌是分布在我国西北黄土高原的一种很特殊的人工地貌。作为水土保持和扩大耕地面积的一项措施，在陕北很普遍。

如图 8.5-3 所示，影像上可见西北-东南向的干沟内有两处明显的淤地

（a）淤地坝影像

（b）淤地坝等高线

图 8.5-3 淤地坝

坝，坝头平整成一条线，坝上游区地势较平整，内部因种植利用成规则镶嵌的田块，下游处已经堵水成塘；东北方向的支沟在它上游几条沟道的汇水处也有一道淤地坝。等高线上修筑淤地坝的地方谷地较宽，地形比较平缓。

4. 城市化中的建筑用地

为便捷交通和方便基建、给排水，通过挖掘和填埋，城市化进程中往往削山填洼，山丘被平整，出现大面积的平地。图 8.5-4 所示，影像显示，

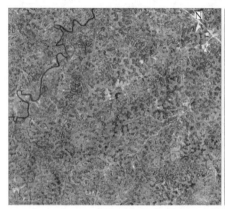

|（a）丘陵区|（b）因城市发展大面积地形被平整|

（c）丘陵区等高线

图 8.5-4 丘陵区因城市发展导致大面积地形被平整

在前期高速公路（图东北部）修建基础上，进一步增加了高速公路联通的数量和路网的密度。最重要的变化是，对接高速，修建了长宽数千米的机场，范围内的地形都被改变成一致高度的平地，原始的山丘隆起和沟道汇水不复存在。紧接机场的修建，附近的居民点被拆迁、合并、发展成新的居民小区，集镇面积扩展，局部地形发生了变化。

城市发展经常沿交通线或工业区布局推进，城市用地呈放射状、饼状发展。在发展范围内，农业用地转变为工业、交通、绿化或居住用地，天然地形被平整，河道受到约束，局部汇水面积和流路发生人为改变。

如果区域河道出水的海拔没变，意味着局部潜水位也没有太大变化，排水位置仍受河道高程的制约。并且，地面硬化后天然降水直接汇入排水通道，局部区域的补给和下渗方式发生转变，因此绿地等用地类型需要依靠人工供给更多的用水。

8.6 地貌类型区划

地貌发育发展的动力过程或组成物质相似，并在一定地域内有规律重复出现的地貌形体的组合称为地貌类型。地貌类型比较强调地貌形体的物质组成及其成因。按地貌形体的物质组成，首先可以将地貌类型划分为岩质与松散堆积物组成的地貌形体两大类。按地貌形体的生成过程与生成动力，又可划分为以内动力为主形成的地貌（又称构造地貌）和以外动力为主形成的地貌。按照海拔高度、相对高度将陆地划分为山地、丘陵、平原。高原、平原是一个组合体，例如四川盆地，是山地环绕平原、丘陵而成的一个组合单元。

1. 地貌分类体系

一般地貌类型分区，是按照"原则-方法-指标-划分-成图-说明"的顺序来进行的。其中，地貌分类的原则依据"形态-成因"的思路，地貌成因的理论依据基本还是戴维斯地貌循环论，从物质组成、营力、时间等角度分析地貌的过程。

分类时，将地貌类型相同、地貌过程高度相似的区域划分成同一个地貌类型区，并兼顾不同尺度上图斑面积大小，有适当的制图概括。成图后，对每一个类型区的地貌特点、利用等方面有适当的文字说明。

地貌分类中，地貌类型和划分的依据应当非常明确。

（1）地貌形态类型。

地貌形态类型指根据地表形态划分的地貌类型。目前世界各地的形态分类并不统一。我国的陆地地貌习惯上划分为平原、丘陵、山地、高原和盆地五大形态类型。

由中国1∶1 000 000地貌图编辑委员会审定的《中国1∶1 000 000地貌图制图规范》确定了平原、台地、丘陵和山地四个基本形态类型。在这一形态分类中，把盆地和高原视为有关形态类型的组合。较小的形态类型，大多与其成因结合起来进行划分，如新月形沙丘、冰斗、溶斗等，只有这种形态-成因结合的分类，才能更好地反映这些形态类型的特点。

（2）地貌成因类型。

地貌成因类型指根据地貌成因划分的地貌类型。由于地貌形成因素的复杂性，目前也没有统一的成因分类方案。根据外营力，通常划分为流水地貌、湖成地貌、干燥地貌、风成地貌、黄土地貌、喀斯特地貌、冰川地貌、冰缘地貌、海岸地貌、风化与坡地重力地貌等。外力地貌一般又可以划分为侵蚀的和堆积的两种类型。根据内营力，通常划分为大地构造地貌、褶曲构造地貌、断层构造地貌、火山与熔岩流地貌等。无论是外营力地貌还是内营力地貌，在动力性质划分的基础上，都可以按营力的从属关系和形态规模的大小做进一步的划分。

（3）戴维斯地貌发育理论与彭克的坡面发育理论。

戴维斯于1899年据其对北美的河流地貌观察，在环境条件上做了一些简化，建立起第一个系统性地貌随时间而演化的模式。该模式的假定前提：① 位于潮湿温带；② 岩性均一；③ 起始地形是平原；④ 地壳仅是在开始时有一次急速上升，其后进入长期的稳定。戴维斯按生命顺序，把整个过程分为幼年、壮年、老年三个时期，各期地貌有明显差异。幼年期河流迅速深切地面，形成峡谷，并扩展其河谷系统；地面遭受切割，但仍保持不少上升前原始平坦地面，造成山地峡谷、山顶和缓地面并存的地貌。壮年期原始上升的高地面被全部侵蚀去，峡谷因河流侧蚀作用加强，使谷坡逐渐扩展而变成缓坡宽谷；主河（干流）的纵剖面开始达到平衡剖面。这时地貌上表现为丘陵宽谷。老年期则丘陵进一步消蚀降低，河流的干流和大部分支流都达到了平衡剖面，下蚀作用已很微弱，代之以侧蚀和堆积为主，形成宽广的冲积平原（河漫滩、泛滥平原），整个地面微缓起伏，只有个别硬岩地段，因抗蚀性强而保留下来，成为低矮的残丘（称蚀余山）。戴维斯的侵蚀循环的最终地貌是高差小、坡度缓、高程接近海面的呈波状起伏的地面，称为"准平原"，标志着一次有顺序的演变行将结束。随后，若有另一次地壳急速上升发生，则地貌将按上述顺序做又一次的演化，故名之为循环，并把这个突变称为"地貌回春"。随着讨论的深入，戴维斯补充了名为"循环中断"的概念，指循环尚未结束时，地壳出现了上升，开始了新一次循环，使原本的循环不能继续下去。在这个以河流作用为中心的循环发育模式建立后，戴维斯按照营力的不同，发展出包括冰川、海岸、岩溶和风力的多个侵蚀循环模式。

戴维斯的侵蚀循环论（原称"地理循环"），从一提出就面对不少批评。在20世纪60年代动力学派出现以前，主要的批评分别来自小彭克（Walther Penck，1924）和金（Lester Charles King，1953）。小彭克的批评要点在于地壳运动的假定，他认为开始地壳是缓慢上升，后来才逐渐加速至最大值，然后变为长期稳定。他强调剥蚀速率与上升速率的对比决定地面的形状，因此在开始，当这两个速率相近，就会形成"初始准平原"，它与加速上升转入长期稳定后所形成的"终极准平原"不同。他还推论连续上升山地会形成阶梯状的前缘坡。金的批评集中在准平原的发育方式上，他认为是按斜坡侧向后退的方式进行，而不是下蚀变低变缓，其结果是形成"山足剥蚀平原"。

戴维斯的侵蚀循环是假定构造运动（上升之后）和气候条件不变的情况下进行，而这一过程又是周而复始的、封闭的、依次进行的循环。实际上，构造运动、气候条件都随时间而变化，地貌的发展是旋回性的，每一旋回都有所不同，不可能是简单的重复。此外，戴维斯的侵蚀循环模式过于简化，不能解释地貌在短期内的变化。在某一具体的时段地貌发展过程会发生不断偏离长期发展趋势的情况，不能认为是一个侵蚀循环，地面始终因河流的下切而降低，坡面始终因剥蚀而逐渐夷平，河流同样有淤积加高的时候，高地同样有因地壳均衡补偿而上升的时候。戴维斯的地貌发育理论作为时代的产物，对后来地貌学的发展起到了极其重要的影响，至今仍具有一定的科学价值。

彭克在南美洲、德国中部及土耳其等地深入研究地貌发育之后，创立了新的坡面及发育理论与山前梯地学说。他于 1924 年提出，坡地的发育不是趋于坡度变小地变平缓，而是以保持平行后退过程为主，并在山前留下微倾斜的（山麓）平台（山麓面）。彭克认为地貌演化实质上是地壳运动的性质和进程的反映。他的专著《地貌形态分析》是以地貌形态分析论证地壳运动的性质特征。他认为，斜坡剖面形态归纳为三种，即凸形坡、凹形坡和直线形坡。每种坡形都反映着内外力的数量关系。例如，凸形坡表示地壳上升大于剥蚀作用，凹形坡表示剥蚀作用强于地壳上升，直线形坡则表示两者均等。如果地壳上升时快时慢，那么斜坡的剖面形态变得复杂。有学者认为，彭克的地貌发育理论主要适用于气候干旱地区，另一方面对构造地貌学的发展也有重要作用。

2. 地貌分类指标

按"形态-成因"的地貌理解方式，类型分区方案兼顾地貌的形态和成因。依据"从大到小"的划分思路，地貌类型划分中先考虑长期、大区域、根本的因素，再考虑局部的、短期的因素。因此，地表物质组成及影响地貌发育的主要营力是大区划分的依据。因要素变化，使大区中的地貌出现分异，可按地貌形态指标比较，在大区的内部再分为不同的小区。

地貌形态测量指标通常有地形高度、坡度、沟道密度、切割度等。按地表的起伏程度，陆地总体上分为平原和山地。

（1）高度：有绝对高度和相对高度。绝对高度即海拔高度，可从图上读取或从 DEM 上获取；相对高度是两种地貌的比高，一般两地直接相减。

山地可按高度划分为丘陵、低山、中山、高山和极高山（表 8.6-1）。

（2）坡度：坡度主要反映在地形面上。在堆积地貌上，不同的坡度可反映不同的成因类型。

按水土保持的使用习惯，坡地 0°～90°一般分为 5 级（表 8.6-2）。在平缓坡面较多地区，坡度组成可分为六级：小于 3°、3°～8°、8°～15°、15°～25°、25°～35°、大于 35°。在国际交流中，可将上述各级坡度折算为百分数。

坡度大小预示着地形单元甚至地表过程变化（表 8.6-3）。例如，坡度超过 25°的耕地必须退耕，坡度大于 30°的区域常常是海拔超过 1 500 m 的区域，位于山体的上部甚至地形上的直立面。

高度和坡度能反映地貌形态。高度大、坡度大意味着地形陡峻，高度小、坡度小通常意味着地形平缓。

（3）坡向：影响坡面水热的再分配，主要使太阳光照和热量发生再分配。坡向一般分为阳坡（坡向向南，包括135°～225°）、阴坡（坡向向北，包括315°～45°）、半阳坡（坡向向东南或西南偏南，包括90°～135°和225°～270°）、半阴坡（坡向西北或东北偏北，包括45°～90°和270°～315°），如图8.6-1所示。

（4）切割深度：指一种地貌的最高点和最低点之间的距离，反映地面破坏程度。

（5）沟壑密度：指区域内干流、支流和沟道的长度与区域总面积之比，反映水系发育的程度。

表 8.6-1　基本地貌形态等级指标

山地名称		绝对高度/m	相对高度/m	备　注
极高山		>5 000	>5 000	其界线大致与现代冰川位置和雪线相符
高山	高山	3 500～5 000	>1 000	以构造作用为主，具有强烈的冰川刨蚀切割作用
	中高山		500～1 000	
	低高山		200～500	
中山	高中山	1 000～3 500	>1 000	以构造作用为主，具有强烈的剥蚀切割作用和部分的冰川刨蚀作用
	中山		500～1 000	
	低中山		200～500	
低山	中低山	500～1 000	500～1 000	以构造作用为主，受长期强烈剥蚀切割作用
	低山		200～500	
丘陵		<500	<100	
台地	高台地	>100		边缘为陡坡的广阔平坦的高地，面积比高原和平原都小。因构造间歇性抬升，台地多分布于山地边缘或山间
	中台地	50～100		
	低台地	<50		
平原		<200	<20	海拔超过400 m的称为高平原

表 8.6-2 坡度分级

坡度级代码	I	II	III	IV	V
坡度分级	≤5°	5°~15°	15°~25°	25°~35°	>35

表 8.6-3 坡度的地理意义

坡度指标	地形表现
<3°	平坦平原、盆地中央部分、宽浅谷地底部、台面
3°~5°	山前地带、山前倾斜平原、冲积、洪积扇、浅丘、岗地、台地、谷地等
5°~15°	山麓地带、盆地周围、丘陵
15°~25°	一般在 200~1 500 m 的山地中
25°~30°	大于 1 000 m 的山地坡面上部（接近山顶部分）
30°~45°	大于 1 500 m 的山体坡面上部
>45°	地理意义的垂直面

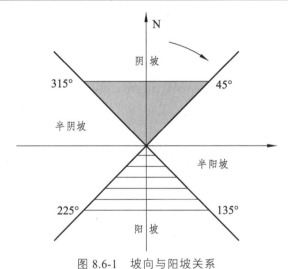

图 8.6-1 坡向与阳坡关系

3. 地貌分类示例

陕西黄土高原地貌分类

根据地貌空间组合特征，可将陕西黄土高原划分为三大地貌区，即基岩山地与黄土塬沟壑区、黄土丘陵沟壑区和长城沿线及其以北风沙区（图 8.6-2）。

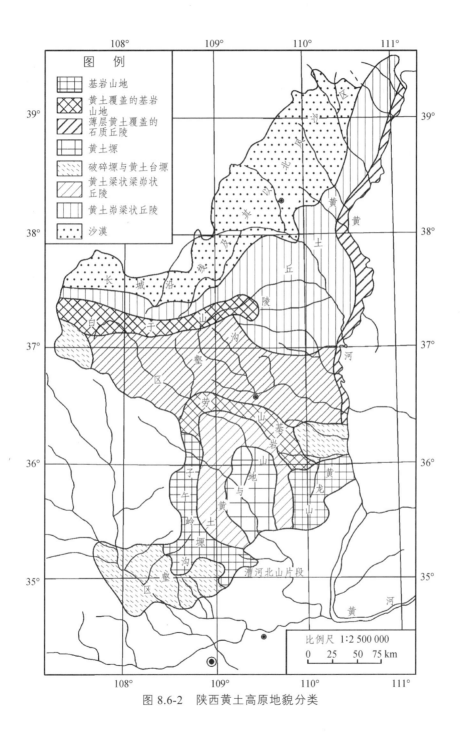

图 8.6-2 陕西黄土高原地貌分类

（1）基岩山地与黄土塬沟壑区。

陕西黄土高原南部，大体在延安以南，属于基岩山地与黄土塬沟壑区。区内主要由黄土塬、破碎塬、片段黄土台塬与基岩山地、黄土覆盖的基岩山地、部分梁状丘陵等和它们内部的各种沟壑等地貌类型共同组成。

基岩山地包括子午岭、黄龙山和部分渭河北山，多属于低山丘陵。子午岭和黄龙山与外围黄土区相对高差不大，山中次生林茂盛，水土流失较轻。崂山是一种被厚层黄土覆盖的基岩山地，其外形和黄土梁一样。这里梁长沟深，水土流失比较严重。

著名的洛川塬和渭北西段破碎塬、宜川破碎塬以及铜川耀州区南部的片段黄土台塬共同构成黄土塬沟壑区的主体。这里一般在海拔 1 200 m 以下，较高的梁地可达海拔 1 400 m。塬、破碎塬和黄土台塬是陕西黄土高原区最低平的沟间地，黄土厚度 120～150 m。塬面坡度小，地势平坦，水土流失轻微，为重要的农业基地。洛川原等黄土台塬区、塬、梁面积与沟壑面积之比为 7∶3，在破碎塬区为 6∶4，沟壑密度较小，一般为 1～4 km/km²，但沟谷的下蚀、侧蚀和溯源侵蚀处于加速发展阶段，切割深度为 150～230 m。崩塌、滑坡等重力地貌十分发育，由于沟谷侵蚀强烈，因而地下水位普遍下降，埋藏深度已超过 90 m，对农业生产不利，同时也给当地群众生活造成很大不便。

这一地貌区内的梁状丘陵，分布面积不大，它们多是山地与黄土塬之间的过渡陆地带，从塬到梁状丘陵再到基岩山地，地表一般呈缓倾斜状逐级升高。梁状丘陵区地表起伏相对较大，且比较破碎，因而水土流失严重。

（2）黄土丘陵沟壑区。

黄土丘陵沟壑区大体位于延安以北，长城以南，是陕西黄土高原上面积最大、地表最为破碎的地区。这一地貌区可分为两大部分，即梁状丘陵沟壑亚区与峁状丘陵沟壑亚区。

① 梁状丘陵沟壑亚区。

梁状丘陵沟壑亚区包括这一地貌区的南部和白于山及其西侧地区，由黄土梁状丘陵、梁峁状丘陵、黄土覆盖的基岩山地、黄土梁堀和小块破碎塬与分割它们的沟壑等地貌类型共同组成。该亚区地表海拔一般为 1 100～1 800 m，沟谷发育，地面支离破碎，沟间地与沟谷地面积之比多为 1∶1，沟壑密度达 4～7 km/km²。现代侵蚀作用很强烈。侵蚀模数达 10 000～

15 000 t/km² · a 以上，水土流失十分严重。

②　峁状丘陵沟壑亚区。

黄土丘陵沟壑区的东北部为黄土峁状丘陵沟壑亚区，这里有峁有梁，黄土峁和黄土梁的发育都很典型。这里是陕西黄土高原区内地面最为破碎、水土流失最为严重的地区。这一亚区主要由黄土峁、梁状丘陵与薄层黄土覆盖的石质丘陵等地貌类型所组成。该亚区峁、梁顶面海拔一般为 1 000～1 250 m，沟壑纵横，地表支离破碎，沟间地与沟谷地面积之比一般为 1：1 或 4：6，沟谷密度一般为 5～8 km/km²，切割深度多为 100～250 m，地势呈波状起伏。现代地貌作用过程以流水侵蚀为主，潜蚀、重力侵蚀普遍存在，接近风沙区亦有风蚀。现代地貌作用过程强烈，水土流失极其严重，一般土壤侵蚀模数多在 15 000～30 000 t/km² · a 之间，部分地段可超过 30 000 t/km² · a，是黄河泥沙尤其是粗泥沙的主要产地。

（3）长城沿线及其以北风沙区。

长城沿线及其以北风沙区东南接黄土高原，北和西分别连接内蒙古和宁夏境内的沙区，包括定边、靖边、横山、榆林、神木、府谷等地的长城以北和以南的部分地区。东西长约 420 km，南北宽 12～120 km，总面积为 15 813 km²。其中从定边县城至靖边县杨桥畔，折向东北，沿芦河到波罗镇，再沿无定河东行至鱼河堡，北上至榆林市区，东北行经双山、瑶镇至尔林兔，此线以西、以北为主要风沙区，流沙和固定、半固定沙地交错分布；此线以南、以东，沙丘及大片沙地少见，多为分散、薄层、小块沙地，实际上是风沙区向黄土高原过渡的一个中间地带，是风沙南侵不断扩大以及土壤沙化的产物。这一地貌区可划分为四个地貌亚区，即北部沙丘沙地草滩亚区、中部沙丘沙地亚区、三边（定边、安边、靖边）草滩盆地亚区和东部片沙黄土梁亚区。

①　北部沙丘沙地草滩亚区。

该亚区地表形态主要为沙丘、沙地与湖盆、草滩相间，沙丘一般高 3～5 m，多已固定或半固定。草滩地主要由冲积沙、黏土组成，地面较平坦，地下水丰富，潜水面深多在 2 m 以内。滩地低洼处，常积水成湖，最大的红碱淖面积达 67 km²。

②　中部沙丘沙地亚区。

该亚区是现代风沙活动较强烈的地区。各种流动的、固定或半固定的新月形沙丘链，长条形沙垄和滩地、平缓沙地等，交错分布，连续不断，占据了大部分地面，在一些较大的沙丘之间，常有风蚀而成的丘间洼地。长城沿线及其以北风沙区的流动沙丘主要分布在本亚区。由于受主风向西北风的吹扬，流沙不断向东南移动，造成严重危害。

③ 三边草滩盆地亚区。

该亚区处在长城沿线及其以北风沙区的西南部，地表主要由低缓的内陆盆地、滩地相间组成。地面开阔平坦，由冲积、洪积沙土组成。盆地或滩地中心低洼，有的积水成湖。因长期气候干旱而形成许多盐湖。盆地、滩地地下水丰富，埋藏较浅，夏季水草丰茂。由于植被已遭受破坏，本亚区目前土地沙化严重，草场及耕地不断受到破坏。

④ 东部片沙黄土梁亚区。

该亚区是正在遭受风沙危害的黄土梁峁丘陵区。这里以梁为主，梁峁顶较缓，一般 5°~15°，较大河流谷宽坡缓。梁峁坡、谷地有片沙或断续分布的沙丘，土地沙化严重，是风沙不断扩展的前沿地带。片沙或沙丘活动性较强，多沿河谷、梁峁坡面不断向东南移动。覆盖在黄土层上的沙层厚度不大，一般不超过 2 m。沙丘较小，一般高 1~2 m。沙层、沙丘多呈小块状分布于低洼、平缓地段。该亚区除风蚀外，流水侵蚀和重力侵蚀也很活跃，水土流失严重。侵蚀模数为 15 000~20 000 t/km^2·a。风沙区地表组成物质以风成沙为主。

风沙区的风成沙以细砂（粒径 0.1~0.25 mm）为主，约占 76%，其次是中砂（粒径 0.25~0.5 mm）约占 18%，粒径小于 0.1 mm 的微粒砂、粉砂、黏土等约占 5.6%。这里气候干旱，地面物质松散，尚未胶结，受风力作用，极容易移动，是产生流动沙丘和引起沙漠南侵的重要条件之一。

陕西黄土高原地区，除基岩山地形成较早外，黄土地貌与风沙地貌均是第四纪的产物，区内大体由北向南，由风沙区-黄土峁状丘陵沟壑区-黄土梁状丘陵沟壑区-黄土塬沟壑区。这种地貌分区的规律性除受基底古地形影响外，不同地区地表组成物质物化性质的差异也是这种规律产生的一个重要原因，另外，水土流失强度的空间分布规律性也与此有关。当然地表组成物质物化性质的差异，和风力搬运途中所进行的分选作用有关，在主风向西北风吹扬下，风积物的颗粒自西北向东南逐渐变细，由中砂、细砂到粉砂和黏土。

9

地质地貌报告撰写

9.1　地质地貌实习报告

实习报告反映了经过实习，个人对地质地貌的理解和区域的认识程度和专业努力程度，报告的结构、图文和语言文字等形式也反映出作者的表达能力，是对个人实习进行总结、深化认识必不可少的一个环节。

个人应当有独立撰写实习报告的能力，并规范引用相关数据或资料。有的数据虽是经小组协作等方式集体获得，但对这些数据的理解和表述却是出自每个人自己，也说明了个人的专业水平和态度。

实习报告的写作，主要参照科技论文的方式，即有明确的主题，有明确的事实（尤其是野外实测数据）做支撑，按照一定的逻辑顺序进行陈述，还应当具有一定的、清晰的结论。一般来说，地质地貌的实习报告要言之有物、结论可信、图文并茂、层次清楚、语言通顺。

有的学者后来从事的研究方向、专业精神与他们当初求学时的实习紧密相连，所以一份优秀的实习报告也是专业成长的一个重要足迹。

1. 格式要求

野外实习报告，是对野外不同阶段各项的全面总结，又是综合野外观察、室内测试的各种资料按逻辑、有条理、系统客观反映实习区域的基本地质地貌特征，并从理论上分析地质地貌演化发展的综合性工作。

写作上，野外实习报告要求：

（1）基于实习内容，独立完成。

（2）论述区域构造、地层和地貌总体情况和特征，必须含有实习区域主要地层产状和岩性描述，包含区域构造变动和地貌主要因子分析，以及地质、地貌要素对自然环境的影响，与人类活动的相互关系，逻辑清晰。

（3）有实习观测数据（整理为图表）作为支撑。

（4）报告主题清楚，论述合理，事实可信。

（5）有基于观测事实的合理推断或新发现描述。

还应注意，报告保持原创性，内容务必独立撰写、规范引用，可用AutoCAD、ArcGIS、MapGIS 等软件工具绘制矢量格式素描图。简图内要含比例尺、剖面方位；数据可列为表或作图；依据各观察点的现象，探讨成因与分布；建议内容涵盖关于全部实习内容的整体性认识，并以主要因素贯穿报告；地层的概念包括岩性、构造、接触关系（反映构造运动）、化石及其环境意义；正确使用标点和合理分段；图表须有编号与标题，其中图的标题在图件下方，表的标题在表格上方。报告内容要包含总结体会部分。

2. 内容要求

实习报告内容要反映区域地质、地貌基本特征和实习要求（表 9.1-1）。

绪言主要说明工作地区的自然地理、交通位置（附行政区划和交通位置图）、实习目的、任务、实习时间等。背景简要说明工作区所处大地构造位置、区域构造和地貌基本特征及其与工作区的关系。

地层首先综述研究区内不同时代地层及出露概况、分布特征，并附地层系统一览表，然后按以下三个方面由老到新将各地层单位按界、系、统、组的顺序分节进行描述：

（1）概述地层发育、出露范围、岩性及其组合特征、接触关系。

（2）剖面描述，按图幅代表性地层剖面逐层描述岩性、岩相、古生物、厚度，并根据化石组合、岩性组合划分地层并确定地层时代。

（3）地层描述需附实测剖面图、综合柱状剖面图、必要的素描图，如古生物组合、地层接触关系、反映岩相的沉积构造等。

岩石要概述研究区地质作用总特征、主要期次、活动方式、主要岩性等；分别描述各类岩石特征，包括出露地理位置、面积、产出构造部位、产状特点、与围岩接触关系、岩性特征及时代确定等；附岩体剖面图、接触关系及期次划分的切割关系素描图等。

表 9.1-1 实习报告内容要求

地质地貌野外实习报告主要内容
一、绪言
介绍实习的目的要求、方法准备和区域自然地理、社会概况，实习区域的自然地理背景。
二、地层与岩石
通过简图、素描图，整理的平面图、剖面图，以及野外观察数据，详细阐述实习沿线各观察点上的岩石与地层特征，反映出对岩性（含化石）、时代和变动的初步认识；通过建立柱状图，初步反映区域地质变化。

内容能够反映区域代表性岩石与地层，要能够反映区域最主要的构造，能够从线路上各局部观察点综合形成初步的整体构造认识，并注意当地对岩石或矿产的利用。

三、地貌与区划

按实习区域地貌类型分布、成因与界线，根据一致性和差异性等地貌区划的原则和从上到下的方法，将实习区域的地貌按二级分类分区，并简要描述各分区的特征。

四、构造演化史

结合区域地质构造图和实习过程，分析实习区域中典型的构造（水平、倾斜、褶皱、断层、岩浆活动及地层接触关系）及其时代，反映对区域构造变动主要脉络的基本认识。

五、地质、地貌在区域环境中的作用及与人类活动关系

从实习中观察到的生活、生产受地质地貌的制约及对地质地貌的利用和改造，简要说明地质地貌作为因子，在自然地理环境形成和发展中的作用。

六、结论

对比实习前后对地质地貌的认识，总结实习的成效与不足。

1. 野外安全防护实践与实习区域生态伦理认识

2. 实习器材、材料使用方法及其改进

3. 实习协作与社会调查小结

4. 区域中典型地质地貌现象及其成因的认识

5. 实习区域地质地貌因素在自然环境中的作用及人地关系

附图

1. 区域地层柱状图

2. 区域地质概要图

3. 区域 A—B 地质剖面

4. 区域构造示意图

5. 地貌类型分区图

说明地貌类型及其分布、组合关系、发育阶段，从地貌形态、物质组

成、组合关系、影响因素和当前发育阐述地貌类型及其成因。

构造要划分构造期及构造层，分别描述各构造层构造变形特征及其构造样式，包括主要褶皱断层的产状及运动动力特点，探讨构造的形成演化历史。综合分析区内地质演化历史。需附构造纲要图，不同构造现象的野外素描图等。

说明地质地貌在实习区域自然地理环境形成演变中的作用，分析当地居民生活和发展的条件，描述当前人地关系不合理的资源环境问题，并提出改进措施。

最后，反映实习收获，存在问题，以及对今后工作的建议。

9.2　实习报告中的地图和图表使用

将野外测得的数据直接罗列出来，多数时候只能说明做了收集工作，还缺少从专业角度对数据的理解和说明。尽量利用统计图、地图、框图来表达数据，使数据可视化，鲜明地突出地质地貌的特征。例如前面介绍的剖面图，组织了岩性、厚度、产状和相互关系等属性，让人有亲临现场的感觉；赤平图很形象地说明了空间产状，玫瑰图说明了主要方向和各方向的数量。

衡量专业技能水平的主要方法是考察能否制作各式地图。地图甚至被称为"第二语言"，如果野外的地质地貌现象过程等不能落实到地图上，说明一个人的认识还停留在文字记录或拍照的低层次阶段，不会用定量化、数量化方法揭示内部的本质特征。实习报告应该广泛使用地图。

1. 地图制作

地图是反映要素数量化、空间化的图形。地貌成果中地图表达说明类型及其分布，利于地貌"现象-成因"分析，反映了专业素养。

地图要确保投影正确，如底图涉及国家疆界，不能错绘国界线、漏绘重要岛屿和领土。边界可依据自然资源部提供的标准地图。构成地图的基本内容，即地图要素要齐全。

（1）数学要素：指构成地图的数学基础。例如地图投影、比例尺、控制点、坐标网、高程系、地图分幅等。这些内容是决定地图图幅范围、位置，以及控制其他内容的基础。它保证地图的精确性，作为在图上量取点位、高程、长度、面积的可靠依据，在大范围内保证多幅图的拼接使用。

（2）地理要素：指地图上表示的具有地理位置、分布特点的自然现象和社会现象。因此，又可分为自然要素（如水文、地貌、土质、植被）和社会经济要素（如居民地、交通线、行政境界等）。

（3）整饰要素：主要指便于读图和用图的某些内容。例如：图名、图号、图例和地图资料说明，以及图内各种文字、数字注记等。

比例尺、方向、图名、图例、注记、图廓线和专题内容是最基本的地图要素，不能遗漏。

此外，一幅高质量地图还要从协调、层次是否清晰等角度考虑色彩使用；从是否新颖、多样性角度考虑表示方法；从完整、丰富、准确、深度考虑信息内容；从主次、美观和负载考虑图面整饰等。

2. 图表制作

野外测得的数据，应根据其特点选用最适宜的方式进行表达。常用二维数据图有：

（1）柱状图：能反映多个要素的对比，如多地的施工距离、钻深和工期长度对比图。

（2）折线图：适合表示要素随时间的变化，如降水逐月分布图。

（3）散点图：适合反映两个要素对比中的总体趋势，如坡度-侵蚀强度图。

（4）气泡图：在对比的基础上还能反映强度，如地震震级分布图。

（5）饼图：适合反映整体中的多个分量的构成比例，如区域地貌类型面积图。

（6）风向玫瑰图：适合分组对比，如前面提到的节理统计图等。

同理，具有空间信息的数据也要选择最适宜的制图方式来绘制。例如将地质体以等高线图方式表达，能够反映三维特征；地貌类型图考虑了制图综合；更常见的是地质地貌的要素分布图。

必要的时候，要叠加上行政界线、等高线等作为底图，增加地图的可读性。越来越多的地质地貌图件开始用遥感影像图或地貌晕渲图作底图，提高了地图的可视化程度。野外数据的地图表达类型可参照表9.2-1。

表 9.2-1 常用地图表示方法

图型	专题内容概括方式	表示手段	特征	示例
分布图	分析性	色彩、线条	结构单一，定位，易读，分布趋势直观清晰	森林分布图
类型图	综合性	色彩、线条、注记、代号	能详细反映自然、经济要素的分布界线，显示各种事象的分布规律，内容丰富，图形复杂，定性，定位	地貌类型图
区划图	综合性、合成性	色彩、线条、注记、代号	能表示自然经济综合体地域分异规律，图形简单，内容丰富，界线高度概括	自然区划图
等值线图	分析性	色彩、线条、注记	能反映数量的梯度变化和趋势	等温线图
动线图	综合性	色彩、线条	能反映专题要素的运动规律和趋势	风向图
结构图	综合性	色彩、注记、代号	能反映点线面状事物的数量差异及其内部结构，定位，定量	城市工业图
复合图	综合性、合成性	色彩、线条	形式多样，点、线面状要素均可复合，适用于各种表示方法，提供整体概念	综合经济图
影像图	综合性、合成性	色彩、线条、注记、代号	信息内容丰富，动态反映清晰，直观性强，成图周期短	航空、卫星影像地图
立体图	综合性	色彩、线条、光照模拟	信息丰富，直观性强，成图快，更新方便	电子沙盘、光照晕渲图、多维动态图

9.3 地质地貌在自然环境中的基础作用

前面反复提到，地质地貌是构成自然环境的基本因子，在长的时间和大的空间尺度上对环境发展和演变起根本的、非地带性的作用。它们还在地球表层的物质循环和能量中起到再分配的作用。

实习和总结中，只看到地质地貌的内部组成结构、认识它们的自然属性是不够的。至少还要从两个方面提升对它们的认识，一方面，它们和环境中的其他要素是有密切作用的。例如，在岩性坚硬、构造发育的区域，河流形成格状水系，部分地方还有河流袭夺现象。而流水在正地形或凸形坡上以侵蚀过程为主，坡积物磨圆度和分选性较差，土层较薄，石质山地倒石堆上的土壤从枯枝落叶层往下剖面往往缺少发育充分的淋溶层和淀积层。另一方面，人类在不断深化对地质地貌的利用，人地关系一直在不断地调整。例如，关闭大量分散的小型矿点，陡坡地退耕，限制河床采沙，限制凿山取土石等，考虑在人与自然间构筑和谐关系。

1. 地质学的作用

地质学研究地球的物质组成、运动和演化规律、动力学机制。在矿产资源、能源的勘探开发，工程建设，地球环境保护和地质灾害预防与治理等方面发挥了重要作用。

以中国为例，地质学促进了社会发展，主要体现在以下几个方面：

（1）地质学在矿产、能源中的作用。地质学重点致力于成矿预测、找矿和勘探，尤其在隐伏和深部矿床上探明矿产的质、量、产状、形成机制与时空特点。中国是世界上已探明稀土资源最丰富的国家。空锌银黝铜矿、氟栾锂云母、太平石、涂氏磷钙石等130余种矿物均由我国地质学家自主发现并命名。王弭力带队深入罗布泊荒漠腹地，发现了超大型优质钾盐矿床，缓解了我国钾盐作为大宗紧缺矿产对外依赖的问题。李四光等发现大庆油田，打破了国际"陆相沉积无特大型油田"的论断。我国随即在东部成功勘探了大港、胜利、华北、中原等一系列陆相油气田，形成了我国独特的陆相油气成因理论，甩掉了"中国贫油论"的帽子。近年来，我国除了常规油气田外，在煤层气、页岩气、天然气水合物等非常规油气勘探方面也取得了较大进步，有力地服务了国家经济发展。地质学面向的行业主要为石油、矿产等国家支柱型能源行业。

（2）地质学在基建工程上的作用。地质学为路、桥、隧、坝、房屋等基础工程建设提供了地质条件判断、解释，解决了西气东输、南水北调、三峡工程、青藏铁路、天眼工程、川藏铁路工程建设理论和技术方法创新中的难题。

（3）地质学在防灾减灾中的作用。随着世界人口增长与区域人口密度增大，人类在地球表面活动的范围不断扩大，崩塌、滑坡、泥石流、地裂缝、水土流失、土地沙漠化及沼泽化、土壤盐碱化，以及地震、火山等地质过程致灾的频率与破坏程度（灾情）也明显增加。调查区域地质环境，监测不稳定地质条件，能预测或预防地质灾害的发生，减少人类活动触发的灾害，减轻地质灾害造成的损失。重庆市岩溶缺水地区"掘地寻水"工程解决近 8 万人饮水问题，长安大学利用北斗技术对甘肃省滑坡重灾区山体滑坡成功发出预警，创造了"塌方近十万方零伤亡"的奇迹。

（4）地质学在环境演化和全球变化中的作用。地质学研究地层的形成时代和先后顺序，厘定地质事件和自然地理系统的发展演变过程。中国推行绿色矿山建设，在依法办矿、规范管理、绿色开采、综合利用、技术创新、节能减排、环境保护、社区和谐等方面起到示范引领作用。地球是人类赖以生存的家园，保护地球就是保护人类的生存与发展环境。人类社会发展与全球环境变化密切相关，人与自然和谐发展是人类活动的生态文明观。

总之，中国山河壮丽、人文绵长，拥有世界上最丰富多元的自然景观，有世界独一无二的青藏高原、全球最大面积和厚度的黄土高原、世界最大规模岩溶地貌，有世界规模最大的钨矿、稀土矿，还有突破世界成油理论的特大型陆相油气田及巨量干冰能源。中国地质理论和社会服务都取得了重大进展，国际地质年代标杆"金钉子"剖面全球 67 枚，中国 11 枚，居世界第一；中国独创陆相油气形成理论，20 世纪全球"最惊人发现"的云南澄江动物群，引领国际古生物学研究的辽西热河动物群等，确立了中国地质界在国际同类研究中的引领地位。我国历代地质学者和工作者在解决矿产石油勘探、工程地质建设、地灾治理等问题中的创造性思维和理论技术成果，已成为专业精神的标志，象征着国家力量。

2. 地貌对环境的影响

地貌学研究地表形态的特征、成因、结构和分布规律。目前它的研究对象已不局限于地球表面，还包括海底地形，也延伸到月球、火星等表面形态。地貌关注的主要问题是地貌形态的科学描述，地貌的形成及随时间的变化趋势，以及地貌形成的主导营力及过程。地貌研究涉及夷平面、剥蚀年代，以及地貌系统、时空尺度、物质与能量、均衡、地表过程的幅度和频率、临界、复杂响应、反馈等基本范畴。

随科学和技术的进步，地貌学对复杂非线性动力过程的兴趣增加，关注精细和大尺度地貌测量，地貌的信息表达和计算能力，通过将工程学和生命科学紧密联系，更加注重人地关系研究和地质尺度的地貌演化。

作为活跃的地理环境组成要素之一，地貌对其他要素与地理环境整体特征有着广泛而深刻的影响，主要表现在以下几个方面：

（1）导致地表热量的重新分配和温度分布状况复杂化。

（2）改变降水量分布格局，比如我国的地貌组合对降水量布局的影响。

（3）地貌对生物界多样性有重要影响。

（4）地貌是自然界地域分异的基础因子。

（5）地貌干预土地类型分化。

地貌是自然地理环境要素的重要组成部分，是人类生存的自然空间和发展的自然物质基础。自然地理环境是由地质、地貌、气候、土壤、生物等多种要素组成的，地貌对于其他要素也起着一定的制约和影响作用。

（1）地貌是自然环境组成的主要成分。地貌的演化是物质、营力、时间和人类活动综合的结果，参与了地球表层的物质组成、生存空间演变与利用。地貌对水热起再分配的作用，在农业、交通、水利和基础建设中起着基础因子的角色。

① 坡地区域。通过岩性软弱，地表水易于下渗，地下水位上下波动，斜坡陡峻，裂隙密集，节理与斜坡倾向相同、切坡等特征识别病害边坡；通过河流阶地变位，山坡上存在环谷状洼地，坡面地形存在棱状转折，河流凹岸局部凸出，发育马刀树、醉汉林，双沟同源，裂隙度增加等特征识别古滑坡；通过"排、挡、减、固"的方法治理病害边坡。

② 河流流域。流域是地表水沙运移的基本单元和主要单元，地表物质侵蚀、搬运和沉积有系统的地貌响应。流水地貌对人类活动的响应也很突出，例如，水库蓄水使水坝上游侵蚀基准面上升，库尾淤积。水坝下游河床坡度向变缓的方向演化，短期内对河口海水侵蚀，盐水倒灌，地面沉降。曲流裁弯取直后，河段坡度增加、下蚀并溯源加快，会加深河道，减小比降。如果对裁弯段采取护岸，则河段的上游会发生这个过程。因侵蚀

增加，将在下游流速减缓的河段加剧堆积。一条自然界的河流如经大量引水，将流量减小、流速降低、动能减少，导致河流淤积。

③ 岩溶地区。地下岩溶区对工程建设存在地面塌陷、地基失稳、巷道突水、边坡滑动、水库渗漏、桩基不稳等影响。过度抽水、蓄水、地下采空、人工加载、地表渗水等，岩溶更易出现塌陷，地面降水容易通过垂直循环带迅速下渗，地表岩漠化。地下河的赋存条件是岩溶区水资源利用的关键。石灰岩本身是制作石灰和水泥的原料。

（2）地貌是国土空间规划和城市规划的自然基础。主要查明当地气候和地形地貌条件、水土等自然资源禀赋、生态环境容量等空间本底特征，分析自然地理格局、人口分布与区域经济布局的空间匹配关系，明确农业生产、城镇建设的最大合理规模和适宜空间，提出国土空间优化导向，使规划具有科学性，更加合理利用城市土地。

（3）数字地貌是理解地表空间格局和过程的关键。随着技术的进步，以 DEM 为基础的坡度、坡向、坡长和汇流方向等地形因子在提示地表过程中发挥了重要作用，已广泛应用于矿产和地下水资源的普查、各种工程（水工、港工、路工）勘测与设计以及农业、军事和编制地图等生产实践中。

（4）地貌资源利用推动了旅游业发展。具有稀有性、独特性和较高观赏性地貌可进行旅游资源的开发，带动了旅游行业和餐饮、住宿行业的发展。例如：

① 山岳风光。花岗岩山岳：花岗岩坚硬耐蚀，三维节理发育，球状风化深，例如海南崖县"南天一柱"，黄山"莲花峰""仙人指路"，九华山"观音峰"等。我国自北向南还有千山、普陀山、天台山、莫干山、三清山等。喀斯特山岳：秀丽的漓江像一条青罗带，蜿蜒于万点奇峰之间，云南路南石林的"阿诗玛"附着了人文传说，风光秀丽。丹霞山：广东仁化的丹霞山，四川乐山大佛、都江堰青城山、广元摩崖石刻，福建武夷山，江西贵溪的龙山，安徽齐云山，河北承德避暑山庄等都是丹霞风光。火山地貌：东北长白山天池、镜泊湖、五大连池，台湾大屯火山群，广东湛江湖光岩，云南腾冲打鹰山等。基岩山岳：例如庐山由沉积岩形成的垒式断块山，张家界、索溪峪和天子山主要由石英砂岩夹薄层砂质页岩构成，五台山由前寒武纪沉积岩石构成，嵩山主体由石英砂岩构成，武当山主要由火

山碎屑岩、云母石英片岩等组成，浙江东南的雁荡山主要由流纹岩、凝灰岩构成。

② 河川峡谷。长江三峡气势磅礴，黄河奔流壮阔，漓江碧水清澈，富春江碧波明丽，钱塘江潮汹涌澎湃，珠江四时长丰，金沙江山高谷深。

③ 湖泊瀑布。我国不但有著名的五大淡水湖、长白山天池、云南滇池、台湾日月潭以及众多高原湖泊，还有黄果树瀑布、黄河壶口瀑布等著名瀑布。

④ 海岸线曲折绵延，海湾众多，还有热带红树林海岸和珊瑚礁海岸，多优良海滨浴场和避暑胜地。例如大连、青岛、北戴河、威海、普陀、鼓浪屿、鹿回头、天涯海角等早已名扬海内外。

此外，敦煌、乌尔禾和沙湖的荒漠地貌，贡嘎海螺沟的冰川地貌等，每年都能够吸引大量的游客观光。

附录

附录 1　区域地质年代简表

地质时代、地层单位及其代号				同位素年龄/Ma		构造阶段		色谱
宙(宇)	代(界)	纪(系)	世(统)	时代间距	距今年龄	大阶段	阶段	
显生宙 PH	新生代 Cz	第四纪 Q	全新世 Qh	0.01	0.01	联合古陆解体	喜玛拉雅阶段 / 新阿尔卑斯阶段	淡黄色
			更新世 Qp	2.59	2.60			
		新近纪 N	上新世 N₂	2.7	5.3			鲜黄色
			中新世 N₁	18	23.3			
		古近纪 E	渐新世 E₃	8.7	32			老黄色
			始新世 E₂	23.5	56.5			
			古新世 E₁	8.5	65			
	中生代 Mz	白垩纪 K	晚白垩世 K₂	31	96		燕山阶段 / 老阿尔卑斯阶段	鲜绿色
			早白垩世 K₁	41	137			
		侏罗纪 J	晚侏罗世 J₃					鲜蓝色(天蓝色)
			中侏罗世 J₂	68				
			早侏罗世 J₁		205			
		三叠纪 T	晚三叠世 T₃	22	227	海西—印支阶段	印支阶段	绛紫色
			中三叠世 T₂	14	241			
			早三叠世 T₁	9	250			
	古生代 Pz	晚古生代 Pz₂ 二叠纪 P	晚二叠世 P₃	7	257		海西阶段	淡棕色
			中二叠世 P₂	20	277			
			早二叠世 P₁	18	295			
		石炭纪 C	晚石炭世 C₂	25	320			灰色
			早石炭世 C₁	34	354			
		泥盆纪 D	晚泥盆世 D₃	18	372			蓝绿色
			中泥盆世 D₂	16	386			
			早泥盆世 D₃	24	410	联合古陆形成		
	早古生代 Pz₁	志留纪 S	末志留世 S₄				加里东阶段	果绿色
			晚志留世 S₃	28				
			中志留世 S₂					
			早志留世 S₁		438			
		奥陶纪 O	晚奥陶世 O₃					蓝绿色
			中奥陶世 O₂	52				
			早奥陶世 O₁		490			
		寒武纪 ∈	晚寒武世 ∈₃	10	500			暗绿色
			中寒武世 ∈₂	13	513			
			早寒武世 ∈₁	30	543			
元古宙 Pt	新元古代 Pt₃	震旦纪 Z	晚震旦世 Z₂	87	630		晋宁运动	绛棕色
			早震旦世 Z₁	50	680			
		南华纪 Nh	晚南华世 Nh₂	120	800	地台形成		浅紫色
			早南华世 Nh₁					
		青白口纪 Qb	晚青白口世 Qb₂	100	900			棕红色(浅)
			早青白口世 Qb₁	100	1 000			
	中元古代 Pt₂	蓟县纪 Jx	晚蓟县世 Jx₂	200	1 200			棕红色(中)
			早蓟县世 Jx₁	200	1 400			
		长城纪 Ch	晚长城世 Ch₂	200	1 600			
			早长城世 Ch₁	200	1 800			
	古元古代 Pt₁	滹沱纪 Ht		500	2 300		吕梁运动	深棕红色
				200	2 500			
太古宙 AR	新太古代 Ar₃			300	2 800	陆核形成		玫瑰红色
	中太古代 Ar₂			400	3 200			
	古太古代 Ar₁			400	3 600			
	始太古代 Ar₀							
冥古宙 HD					4 600			

附录2　常见岩性符号和色彩使用

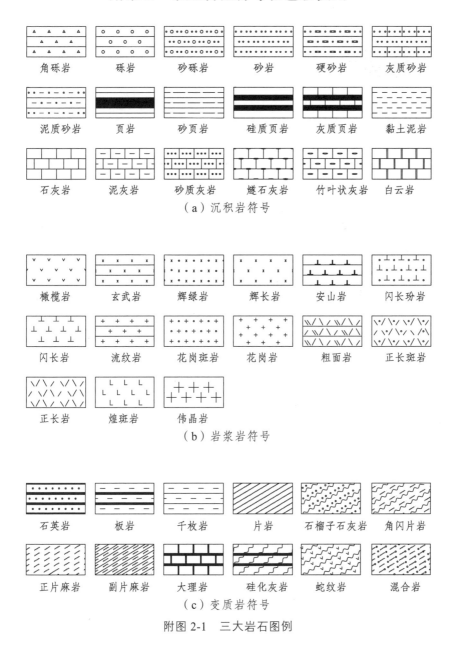

角砾岩　砾岩　砂砾岩　砂岩　硬砂岩　灰质砂岩

泥质砂岩　页岩　砂页岩　硅质页岩　灰质页岩　黏土泥岩

石灰岩　泥灰岩　砂质灰岩　燧石灰岩　竹叶状灰岩　白云岩

（a）沉积岩符号

橄榄岩　玄武岩　辉绿岩　辉长岩　安山岩　闪长玢岩

闪长岩　流纹岩　花岗斑岩　花岗岩　粗面岩　正长斑岩

正长岩　煌斑岩　伟晶岩

（b）岩浆岩符号

石英岩　板岩　千枚岩　片岩　石榴子石灰岩　角闪片岩

正片麻岩　副片麻岩　大理岩　硅化灰岩　蛇纹岩　混合岩

（c）变质岩符号

附图 2-1　三大岩石图例

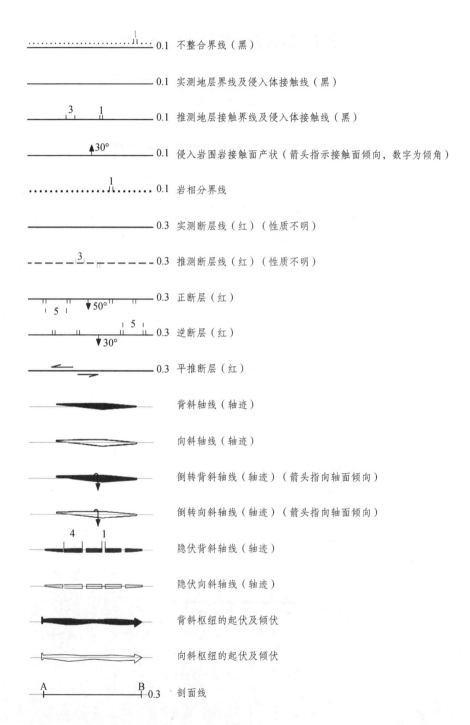

····················‖··· 0.1 不整合界线（黑）

————————————— 0.1 实测地层界线及侵入体接触线（黑）

————┴————‖———— 0.1 推测地层接触界线及侵入体接触线（黑）

————————▲30°——— 0.1 侵入岩围岩接触面产状（箭头指示接触面倾向，数字为倾角）

·················‖········ 0.1 岩相分界线

————————————— 0.3 实测断层线（红）（性质不明）

——————┴————— 0.3 推测断层线（红）（性质不明）

————5————↓50°——— 0.3 正断层（红）

————5————↓30°——— 0.3 逆断层（红）

————————————— 0.3 平推断层（红）

背斜轴线（轴迹）

向斜轴线（轴迹）

倒转背斜轴线（轴迹）（箭头指向轴面倾向）

倒转向斜轴线（轴迹）（箭头指向轴面倾向）

隐伏背斜轴线（轴迹）

隐伏向斜轴线（轴迹）

背斜枢纽的起伏及倾伏

向斜枢纽的起伏及倾伏

A————————B 0.3 剖面线

0.1 不整合界线（黑）

水平地层产状（0°~5°）

直立地层产状（箭头指向较新地层）

倒转地层产状（箭头指向倒转后倾向）

片理或片麻理（倾向及倾角）

穿窿构造

盆地构造

飞来峰

构造窗

附图 2-2　常用构造符号

附表 2-1　沉积层符号

沉积层	符号	沉积层	符号	沉积层	符号
人工填土	*ml*	沼泽沉积层	*h*	滑坡堆积	*del*
植物层	*pd*	海相沉积层	*m*	泥石流	*set*
洪积层	*pl*	海相交互相沉积层	*mc*	生物堆积	*o*
坡积层	*dl*	冰积层	*gl*	化学堆积物	*ch*
残积层	*el*	冰水积层	*fgl*	成因不明沉积	*pr*
风积层	*eol*	火山堆积层	*b*		
湖积层	*l*	崩积层	*col*		

附表 2-2　岩浆岩符号与色彩

岩石	符号	颜色	岩石	符号	颜色
花岗岩	γ	红色	正长岩	ξ	金红色
辉长岩	ν	绿色	碱性岩类	k	黄色
闪长岩	δ	桃红色	基性岩类	N	兰色
辉绿岩	$\beta\mu$	蓝绿色	超基性岩类	σ	紫色
橄榄岩	o	浓紫+绿色	玄武岩	β	浓绿色
粗面岩	τ	褐色+红色	安山岩	α	褐+紫色

注：同类岩浆岩时代不同，可用数字区别。例如：β—玄武岩；β_1—古近纪玄武岩；β_2—新近纪玄武岩；β_3—第四纪玄武岩。

附表 2-3　地层年代色系

上色单元	色系			示例
	R	G	B	
等高线	225	185	125	
Q	225	255	97	
N	225	255	127	
E	250	223	200	
K	204	204	0	
J	4	235	251	
T	250	127	8	
P	226	214	80	
C	153	114	75	
D	165	103	82	
S	153	204	0	
O	51	193	94	
$\in$	114	153	76	
Z	204	153	0	
P_t	176	160	70	
燕山期	204	102	178	
印支期	60	226	126	
华力西期	153	102	204	
晋宁期	251	165	254	
时代不明	119	130	136	

附录3 区域地质发展史描述：以龙门山为例

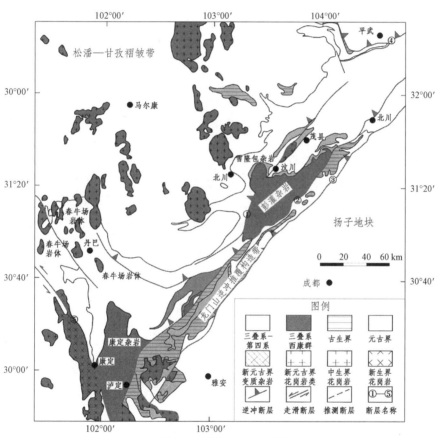

附图 3-1 龙门山构造简图

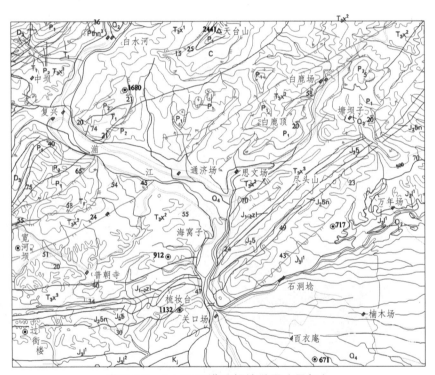

附图 3-2　1∶20 万灌县幅地质图（局部）

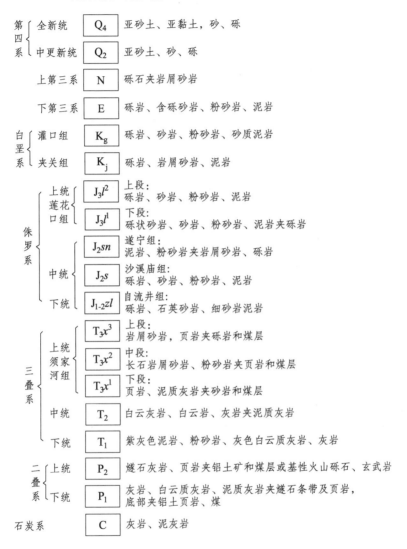

龙门山及四川盆地分区

第四系	全新统	Q_4	亚砂土、亚黏土，砂、砾
	中更新统	Q_2	亚砂土、砂、砾
	上第三系	N	砾石夹岩屑砂岩
	下第三系	E	砾岩、含砾砂岩、粉砂岩、泥岩
白垩系	灌口组	K_g	砾岩、砂岩、粉砂岩、砂质泥岩
	夹关组	K_j	砾岩、岩屑砂岩、泥岩
侏罗系	上统莲花口组	J_3l^2	上段：砾岩、砂岩、粉砂岩、泥岩
		J_3l^1	下段：砾状砂岩、砂岩、粉砂岩、泥岩夹砾岩
	中统	J_2sn	遂宁组：泥岩、粉砂岩夹岩屑砂岩、砾岩
		J_2s	沙溪庙组：砾岩、砂岩、粉砂岩、泥岩
	下统	$J_{1-2}zl$	自流井组：砾岩、石英砂岩、细砂岩泥岩
三叠系	上统须家河组	T_3x^3	上段：岩屑砂岩，页岩夹砾岩和煤层
		T_3x^2	中段：长石岩屑砂岩、粉砂岩夹页岩和煤层
		T_3x^1	下段：页岩、泥质灰岩夹砂岩和煤层
	中统	T_2	白云灰岩、白云岩、灰岩夹泥质灰岩
	下统	T_1	紫灰色泥岩、粉砂岩、灰色白云质灰岩、灰岩
二叠系	上统	P_2	燧石灰岩、页岩夹铝土矿和煤层或基性火山砾石、玄武岩
	下统	P_1	灰岩、白云质灰岩、泥质灰岩夹燧石条带及页岩，底部夹铝土页岩、煤
石炭系		C	灰岩、泥灰岩

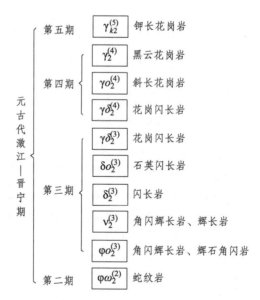

中粒黑云花岗岩			碎裂岩化、糜棱岩化
中粒钾长花岗岩			实测、推测地质界线
中粒斜长花岗岩			沉积不整合界线
中粒花岗闪长岩			侵入岩相带界线
石英闪长岩			实测、推测逆断层
石英脉及伟晶岩脉			实测、推测正断层
花岗斑岩、霏细斑岩脉及细晶花岗岩脉			飞来峰
花岗正长岩脉及煌斑岩脉			实测、推测性质不明断层
闪长岩脉及闪长玢岩脉			平移断层
辉绿岩、辉绿玢岩脉			正常、倒转底层产状
接触角岩化			流层、片理产状
夕卡岩化			同位素年龄值（亿年）/测量方法
混染带及混合岩化			完工钻孔及第四系厚度（米）

注：等高距160 m

附图 3-3　龙门山中段地质图图例

龙门山区域地质发展简史

前震旦纪时期，中国南方除稳定的四川微板块外，均为活动带，龙门山地区当时为四川微板块西缘的岛弧海区。本区出露的元古代黄水河群，系一套含钙碱性玄武岩、安山岩等厚度巨大的火山-复理石组合，并有基性、超基性岩侵入，指示有活动岛弧的存在。晋宁运动对龙门山地区影响强烈，形成前震旦系与震旦系之间巨大的角度不整合。元古代末，四川微板块东西两侧的大洋板块均向其下俯冲乃至碰撞，不仅产生强大的晋宁运动，而且使我国南方大部分活动带增生于四川地块，并固结成为统一的古扬子板块（松潘-甘孜区与扬子区相连为一体），导致它们共同具有前震旦纪古老杂岩的基底。震旦纪时期，古扬子板块逐步开始稳定，晚期遭受海侵，使大部分地区处于浅海陆棚环境。由于海底地形不一，分别形成东部扬子陆表海盆、西部松潘-甘孜陆表海盆，以及连接两者的龙门山岛群带，普遍发育了一套滨-浅海碎屑岩及碳酸盐岩。

早古生代本区继承了震旦纪的发展，仍表现为岛群带，形成一套与扬子地台十分相似的稳定型沉积，以滨-浅海碎屑岩为主，但地壳振荡频繁，海水多次进退，时而上升为陆，并可能与西侧的松潘古陆相连。

兴凯运动在滇西及中南半岛十分重要，龙门山区亦有表现，它使本区上升，以至缺失中、晚寒武世地层，似表明本区与滇西及印支半岛有一定的关联。加里东运动本区反应明显，主要表现有两幕。一幕发生在中奥陶世晚期与早志留世之间（早幕），造成中奥陶世宝塔组与早志留世龙马溪组之间的假整合，普遍缺失晚奥陶世五峰组地层，表明龙门山地区大部分地段抬升，广泛发生海退；另一幕发生在志留纪中晚期与泥盆纪之间（晚幕），造成本区志留纪地层普遍与早泥盆世平驿铺组之间的假整合，局部出现不整合，本区响应强烈，缺失地层较多，除隆升外还形成了一些褶皱，如广元宜河一带志留系中的褶曲最为明显。加里东运动使龙门山前山带褶皱隆起，但西部后山带仍普遍被海水淹没，接受沉积。

晚古生代龙门山地区为古扬子板块上的凹陷地带，西靠松潘古陆，东邻上扬子古陆。

区内大部分为海水淹没，海域较安定，海水较深，普遍发育一套以碳酸盐岩为主的沉积。可能开始于晚古生代初期或早古生代，古扬子板块西北部普遍发生裂谷作用。康滇地轴上会理、元谋一带的晚加里东期超基性岩（400 Ma 左右），以及攀枝花、西昌、丹巴一带的早海西期层状橄榄岩-辉长岩体（360 Ma 左右）的侵入，代表了古扬子板块西北部裂谷作用的早期事件。自此，松潘-甘孜区（巴颜喀拉区）才与扬子区开始分离，龙门山当时表现为裂谷环境。

海西运动在本区及邻接的巴颜喀拉地区表现为地幔物质沿古扬子板块西北部一些断裂带上涌，大规模基性玄武岩浆喷发，导致古扬子板块西北部破裂，并使之发育三叉裂谷系，出现裂谷型狭窄的深水盆地。龙门山地区应是该三叉裂谷系中伸入陆内的一支。本区宝兴、茂汶一带的晚二叠世具枕状构造的海相玄武岩，反映了海西期的这次大规模的裂谷作用。

中生代是龙门山地区大变动时期。三叠纪经历了从海到陆的巨大变迁，前、后山带的发展明显分异，早、中三叠世前山带为浅水碳酸盐台地，后山带演变为裂谷深水盆地的类复理石沉积，并一直延续到晚三叠世。三叠纪中、后期发生强烈的印支运动，龙门山逐渐褶皱上升，海水自东向西全面退出本区。侏罗纪及白垩纪仅在龙门山东缘的山前坳陷中形成磨拉石沉积。

印支运动对龙门山的影响十分强烈，主要有两幕。第一幕是在中三叠世与晚三叠世之间（早幕），形成上三叠统与中三叠统之间的平行不整合，局部表现为微角度不整合，一般缺失拉丁期和卡尼期沉积，晚三叠世小塘子组普遍超覆在中三叠世雷口坡组之上，如江油马角坝可见小塘子组超覆在天井山组之上，在天井山背斜西翼马鹿坝及其以南一带，还可见到小塘子组与早三叠世的铜街子组或中三叠世地层间呈微角度不整合接触，仅绵竹汉旺一带上三叠统与中三叠统为连续沉积。印支运动早幕使龙门山主体褶皱上升，但在东侧的山前一带形成绵竹海湾。本幕运动以褶皱为主，如天井山组、雷口坡组及其早三叠世地层的强烈褶皱，江油马角坝飞仙关组中的强烈褶曲，以及广元上寺雷口坡组中的平卧褶曲。第二幕是在晚三叠世与早侏罗世之间（晚幕），形成侏罗系与三叠系之间的不整合或平行不整合，如广元江油至绵竹一线的早侏罗世白田坝组不整合于寒武纪至三叠纪地层之上，并普遍见有底砾岩。印支运动晚幕使龙门山全面褶皱上升，前、后山带进一步强烈褶皱、断裂、推覆，前山带山前坳陷中的晚三叠世地层（须家河组及其以下的地层）在全部卷入褶皱隆起，该时期海水全部退出本区，并出现早侏罗世磨拉石沉积。燕山运动在龙门山地区亦有表现，早幕不甚明显，中幕清晰，导致龙门山进一步抬升，不仅使原山前凹陷的侏罗系发生平缓的褶曲和断裂，而且东移形成新的山前坳陷，形成早白垩世剑门关组的磨拉石堆积。晚幕则表现为上白垩统的缺失，说明龙门山再次抬升，新生代本区缺乏第三纪沉积，仅有陆相第四系零星分布。喜马拉雅运动由于龙门山缺乏地层记录，很难确定，但强烈的抬升和现今的地震活动，仍能觉察到对本区的影响。

综上所述，很明显现今龙门山区范围应是由晚古生代裂谷作用基本框定的，一侧（后山带）是巴颜喀拉区的东缘，另一侧（前山带）是扬子区的西缘，因而后山和前山有明显差异：① 后山地层普遍变质，而前山地层一般不变质；② 后山强烈上隆抬升，一般海拔为 3 000～4 000 m，并构成复式背斜，而前山则褶皱、推覆上升，海拔通常在 2 000 m 以下，为一条复式向斜；③ 前山带具有较多的推覆体或滑覆体，推测原应是东侧（扬子区）。

边缘地带的伸展型掀斜断块。实际上，龙门山区原为古扬子板块上的陆内裂谷，属古扬子板块西北部三叉裂谷系中伸入陆内的一支。古生代时古扬子板块上的扬子区与松潘-甘孜区（巴颜喀拉区）连为一体；至二叠纪晚期，扬子区与巴颜喀拉区分离，龙门山裂谷开始形成。中生代三叠纪为裂谷发育期。三叠纪中、后期，由于印支板块向北漂移，使扬子板块西北部受到挤压，则发生印支运动，随之巴颜喀拉区抬升，并逐渐向扬子区靠拢，裂谷开始萎缩；至三叠纪末，西侧巴颜喀拉区进一步抬升，并向东与扬子板块碰合，龙门山裂谷趋于封闭，随之全面褶皱上升，龙门山雏形始成。中生代的燕山运动和新生代的喜马拉雅运动，使之进一步褶皱、推覆和抬升，至今仍在继续发展。

附录 4 区域地质地貌实践方案：以龙门山为例

实习动员与器材材料分发（0.5 天）

环节一 校区准备（1.5 天）

任务 1 罗盘等器材使用，校区大地构造地貌与人工地貌

任务 2 校区基岩与构造背景：扬子地台（K_2c，J_2x，J_3p）与前陆冲积沉积

任务 3 校区典型及第四系沉积认识：成都黏土，岷江冲积沉积，紫色土

任务 4 校区地貌评估：成都简阳机场选址与龙泉山对成都东进城市化影响

环节二 区域地质实践（3 天）

任务 1 区域地质概况：龙门山，龙泉山

任务 2 区域典型岩石认识：区域三大套岩石与杂岩

任务 3 区域地层认识：白水河（Pthn）及 P_1y、T_3x、J_3l 剖面实测

任务 4 区域构造认识：褶皱、断层，岩层接触面与龙门山推覆构造

任务 5 区域地质发展简史

任务 6 地质生产：卧牛坪灰岩开采，三叠系煤矿开采与矿山复垦

任务 7 地质在社会经济发展中作用：湔江流域灾后重建与旅游发展

环节三 区域地貌实践（2 天）

任务 1 龙门山-龙泉山地貌界线与平原、丘陵、低山、中山、高山地貌单元

任务 2 区域特色地貌：高位喀斯特地貌发育

任务 3 典型地貌：河流地貌发育对构造运动的响应，多级阶地发育与格状水系

任务 4 区域地貌类型划分：指标、分类体系、地貌区划

任务 5 平原洪涝防治与山地自然资源开发

实习总结与评分（1 天）

附录 5　本书部分彩图

附图 5-1　地质地貌野外使用工具

附图 5-2　测岩层走向时地质罗盘的放置

附图 5-3　测岩层倾角时地质罗盘的放置

附图 5-4　野外照相和标绘示例

附图 5-5　一条 NWW-NEE 方向断层穿过了阶地面

附图 5-6　受构造控制下的格状水系及河流袭夺格局

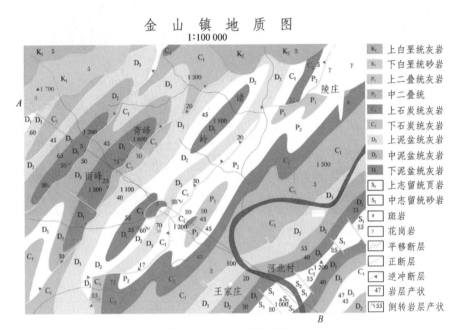

附图 5-7　金山镇地质图

附图 5-8　褶皱反映挤压的方向（标记线条反映构造的延伸方向）

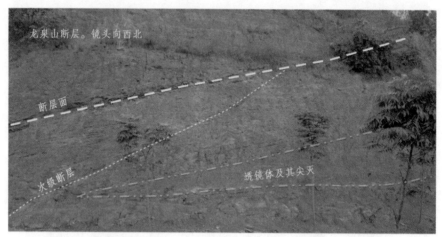

附图 5-9　断层面两侧的岩层可能差异比较明显（断层方向未表示）

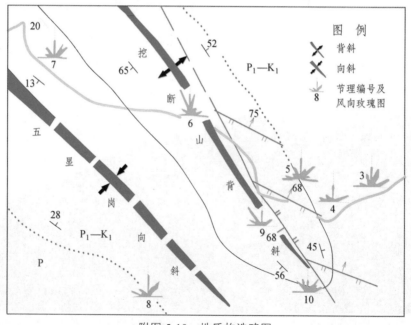

附图 5-10　地质构造略图

附图 5-11　单面山与地貌影像

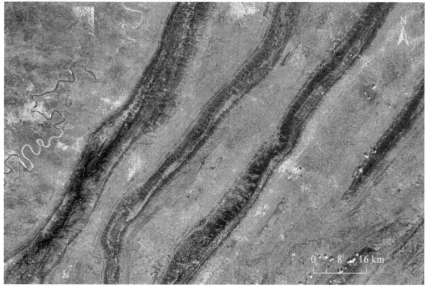

附图 5-12　褶皱地貌影像

附图 5-13　断层地貌影像

附图 5-14　峡谷地貌影像

附图 5-15　河漫滩地貌影像

附图 5-16　阶地地貌影像

附图 5-17　洪积扇地貌影像

附图 5-18　影像上显示了地震导致的密集滑坡

附图 5-19　泥石流爆发前后河流堆积的变化 A

附图 5-20　泥石流爆发前后河流堆积的变化 B

附图 5-21　梯田影像

附图 5-22　桑基鱼塘影像

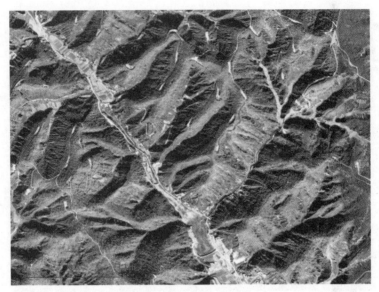

附图 5-23　淤地坝影像

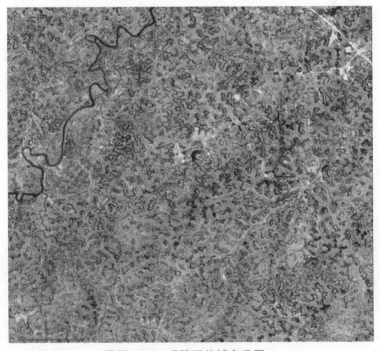

附图 5-24　丘陵区的城市发展 A

附图 5-25　丘陵区的城市发展 B

0.1 不整合界线（黑）

水平地层产状（0°~5°）

直立地层产状（箭头指向较新地层）

倒转地层产状（箭头指向倒转后倾向）

片理或片麻理（倾向及倾角）

穹窿构造

盆地构造

飞来峰

构造窗

附图 5-26 常用构造符号

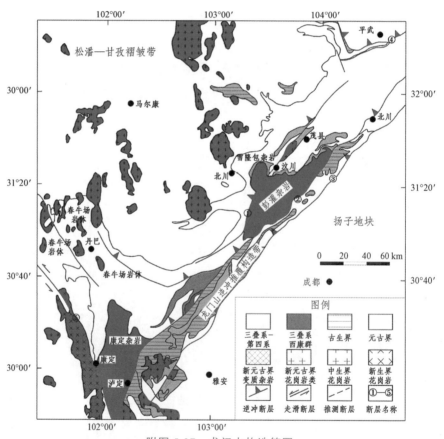

附图 5-27　龙门山构造简图

附表 5-1　地层年代色系

上色单元	色系			示例
	R	G	B	
等高线	225	185	125	
Q	225	255	97	
N	225	255	127	
E	250	223	200	
K	204	204	0	
J	4	235	251	
T	250	127	8	
P	226	214	80	
C	153	114	75	
D	165	103	82	
S	153	204	0	
O	51	193	94	
∈	114	153	76	
Z	204	153	0	
P_t	176	160	70	
燕山期	204	102	178	
印支期	60	226	126	
华力西期	153	102	204	
晋宁期	251	165	254	
时代不明	119	130	136	

参考文献

[1] 宋春青，邱维理，张振春. 地质学基础[M]. 4 版. 北京：高等教育出版社，2005.

[2] 张根寿. 现代地貌学[M]. 北京：科学出版社，2005.

[3] 舒良树. 普通地质学[M]. 3 版. 北京：地质出版社，2010.

[4] 赵德军，王刚. 龙门山马角坝地区地质调查实习教程[M]. 北京：地质出版社，2017.

[5] 杨绍平，赵正宝. 都江堰虹口地区构造地质填图实训指导书[M]. 北京：中国水利水电出版社，2016.

[6] 杨宝忠，徐亚军. 地质学基础实习指导书[M]. 武汉：中国地质大学出版社，2010.

[7] 揭毅. 地质地貌野外实习指导[M]. 武汉：华中师范大学出版社，2016.

[8] 罗朝坤，秦刚. 矿物岩石鉴定[M]. 郑州：黄河水利出版社，2015.

[9] 许仲路，朱红. 四川彭县银厂沟-关口地区地质地貌特征暨考察指南[M]. 成都：四川科学技术出版社，1989.

[10] 蓝淇锋，宋姚生，丁民雄，等. 野外地质素描[M]. 北京：地质出版社，1979.

[11] 李昌年，李净红. 矿物岩石学[M]. 武汉：中国地质大学出版社，2014.

[12] 《地球科学大辞典》编辑委员会. 地球科学大辞典·基础科学卷[M]. 北京：地质出版社，2006.

[13] 《地球科学大辞典》编辑委员会. 地球科学大辞典·应用科学卷[M]. 北京：地质出版社，2005.

[14] 《工程地质手册》编委会. 工程地质手册[M]. 5 版. 北京：中国建筑工业出版社，2018.

[15] 地质矿产部地质辞典办公室. 地质大辞典（全五册）[M]. 北京：地质出版社，2005.

[16] 曾佐勋，樊光明. 构造地质学[M]. 3 版. 武汉：中国地质大学出版社，2008.

[17] 曾佐勋，樊光明，刘强，等. 构造地质学实习指导书[M]. 武汉：中国地质大学出版社，2008.

[18] HUGGETT R J. Fundamentals of Geomorphology[M]. 4th ed. New York：Routledge Taylor & Francis Group，2017.

[19] GRAPES R H，OLDROYD D，GRIGELIS A. History of Geomorphology and Quaternary Geology[M]. London：The Geological Society Publishing House，2008.

[20] 中华人民共和国国土资源部. 区域地质调查规范（1∶250 000）：DZ/T 0257—2014[S]. 北京：中国标准出版社，2015.

[21] 中华人民共和国地质矿产部. 地质图用色标准及用色原则（1∶50 000）：DZ/T 0179—1997[S]. 北京：中国标准出版社，1997.

[22] LISLE R J，BRABHAM P J，BARNES J W. Basic Geological Mapping[M]. 5th ed. West Sussex：John Wiley & Sons，2011.

[23] LUTGENS F K，TARBUCK E J，TASA D. Essentials of geology[M]. 11th ed. New Jersey：Pearson Education，2012.

[24] BORRADAILE G. Understanding Geology Through Maps[M]. Waltham：Elsevier，2014.

[25] LUTGENS F K, TARBUCK E J, TASA D. Essentials of Geology[M]. 13th ed. New Jersey：Pearson Education，2016.